凝心聚力　携手共进

——计算机动漫与游戏制作专业发展研究基地成果汇编

张建德　主编

北京理工大学出版社
BEIJING INSTITUTE OF TECHNOLOGY PRESS

图书在版编目（CIP）数据

凝心聚力　携手共进：计算机动漫与游戏制作专业发展研究基地成果汇编／张建德主编. -- 北京：北京理工大学出版社，2023.9

ISBN 978-7-5763-2917-9

Ⅰ. ①凝…　Ⅱ. ①张…　Ⅲ. ①高等职业教育-动画-计算机辅助设计-专业设置-研究 ②高等职业教育-游戏-动画制作软件-专业设置-研究　Ⅳ. ①TP391.72 ②TP391.41

中国国家版本馆 CIP 数据核字（2023）第 178660 号

责任编辑：徐艳君　　**文案编辑**：徐艳君
责任校对：周瑞红　　**责任印制**：李志强

出版发行／北京理工大学出版社有限责任公司
社　　址／北京市丰台区四合庄路 6 号
邮　　编／100070
电　　话／（010）68914026（教材售后服务热线）
（010）68944437（课件资源服务热线）
网　　址／http：//www. bitpress. com. cn

版 印 次／2023 年 9 月第 1 版第 1 次印刷
印　　刷／三河市华骏印务包装有限公司
开　　本／787 mm×1092 mm　1/16
印　　张／10. 5
字　　数／228 千字
定　　价／69. 00 元

前　　言

2018年12月，根据《自治区教育厅关于公布广西职业教育第二批专业发展研究基地名单的通知》（桂教职成〔2018〕65号），由广西华侨学校正高级讲师张建德（现单位为广西机电职业技术学院主持）的项目“广西职业教育计算机动漫与游戏制作专业及专业群发展研究基地”入选广西职业教育第二批专业发展研究基地。坚持“以人为本、校企合作、项目引领、科研兴教、敢于担当、乐于奉献”的工作理念，依托广西示范性职教集团广西计算机动漫与游戏制作职教集团，结合广西中等职业学校品牌专业计算机动漫与游戏制作专业建设项目，遴选广西计算机动漫与游戏制作职教集团中的优势单位组成项目研究团队，项目团队由广西华侨学校担任主持单位，广西纺织工业学校、南宁第三职业技术学校、广西物资学校、南宁第六职业技术学校等院校，广西卡斯特动漫有限公司、南宁格美数字科技有限公司、超星集团广西分公司等企业，以及广西动漫协会等行业机构作为主要参与单位。

经过近5年的建设，项目研究团队开发的基于动画片制作工作过程的教材《动漫美术基础》《三维动画制作3ds Max》《影视后期制作》入选首批“十四五”职业教育国家规划教材书目，张建德主持的教学成果《基于产业链的动漫职教集团校际专业共同体建设的研究与实践》获得2021年广西职业教育自治区级教学成果等次评定二等奖。

为了更好地发挥专业群发展研究基地的示范辐射作用，进一步推动我区专业发展研究基地研究成果转化应用，结合广西职业教育计算机动漫与游戏制作专业发展研究基地的项目实际，高质量高水平地做好研究基地结项验收，编写团队将所有参与项目研究的合作学校、合作企业的研究成果，尤其是编写三本规划教材的团队成员近年的工作业绩，梳理成册，重点推送对决策有重要参考价值、对实践有重要指导意义的优秀研究论文、教改立项或课题（或教学成果），搭建职教研究工作者为广西职业教育动漫专业建设发展建言献策、贡献才智的渠道和平台。

本书是将整个项目研究的过程进行再现，也就是把项目研究前期准备阶段、实施阶段、评价和结题阶段的所有文字资料和实物等进行汇总。这是一项总结性工作，它是研究者辛勤劳动的结晶，是一部完整的项目研究档案，同时又是项目成果的综合体现。项目鉴定单位和专家通过它即可了解项目研究的整个过程和相关成果，研究单位和研究者对照它可以重新检查、评价项目研究的具体过程和有关成果，其他研究者也可以把它作为相关研究的参考资料。

2023年9月

目　　录

第一章　专业及专业群研究基地建设方案

第一节　广西职业教育第二批专业发展研究基地计算机动漫与游戏制作专业及专业群研究基地建设方案

项目名称	广西职业教育计算机动漫与游戏制作专业及专业群发展研究基地
立项类别	中职（√）　高职（　）
立项级别	自治区级专项
项目主持人	张建德
项目参与人	陈锐亮、林翠云、李想、李斌、潘汝春、郭辉、吴家宁、覃海川、罗益才、李德清、蒙守霞、韦佳翰、梁文章、杨砚涵、潘波
起止时间	2019 年 4 月—2022 年 4 月
学校名称	广西华侨学校
通信地址	南宁市清川大道 1 号
联系电话	15977480686
E-mail	15915069@ qq. com
填表时间	2019 年 4 月

广西壮族自治区教育厅印制

一、 建设背景

（一）适应产业转型需求

动漫产业是一个高速发展的新兴文化创意产业，2020 年中国动漫产业有望在现有规模的基础上翻一番，产值规模突破 2 000 亿元，真正跻身世界动漫强国行列。

北京电影学院牵头联合国内外众多专家学者和业界人士共同编撰的《动漫蓝皮书：中国动漫产业发展报告》提出，中国动漫产业正在进入以互联网为核心，跨形态、跨媒介、跨行业融合发展的新时代，“动漫+互联网+相关产业”的融合发展必将使动漫产业的未来格局发生根本性变化。新的业态呈现出不同以往的人才需求格局，由此对动漫专业及专业群人才的培养模式提出了新的要求。

2016 年，包括数字文化创意等在内的数字创意产业，被列入《战略性新兴产业重点产品和服务指导目录》，为文化产业带来了新的发展机遇。国务院《“十三五”国家战略性新兴产业发展规划》指出，到 2020 年我国战略性新兴产业增加值占国内生产总值比重由 2015 年的 8%将达到 15%，数字创意产业成为要重点培育的 5 个产值规模达 10 万亿元级的新支柱产业之一。数字文化发展迅速，人才需求缺口巨大，对复合型高素质技术技能人才更有迫切需求。

（二）紧跟区域经济发展战略

数字文化创意产业以文化创意内容为核心，依托数字技术进行创作、生产、传播和服务，涵盖动漫、游戏、网络文化、数字文化装备、数字艺术展示等多个重点领域，已成为我国文化产业发展的重点领域和数字经济的重要组成部分，并促进了新动能、新消费的培育。“到 2020 年，在数字文化产业领域处于国际领先地位。”日前发布的《文化部关于推动数字文化产业创新发展的指导意见》为数字文化产业的发展确定了目标，我国数字文化产业已迎来黄金发展期，中华文化竞争力和影响力，将借此东风上一个大台阶。

广西壮族自治区人民政府《贯彻落实创新驱动发展战略打造广西九张创新名片工作方案（2018—2020 年）》中，将“互联网经济”定位为第四张名片——大力推进“互联网+”行动，推动互联网、网络文化等领域的数字经济，促进对外交流，发展网络数字文化产业。根据工作方案，扶持引导区内外网络影视剧、网络音乐等文化作品，通过集成优秀内容，形成产品输出优势，打造中国—东盟网络视听产业基地、网络文化产业基地和网络文化创业孵化中心，实施“北部湾之声”东南亚网络传播能力建设工程，提升网络文化多语种国际化传播能力。

近年来，广西华侨学校作为国家重点中职校、国家中职教改示范学校和国务院侨办华文教育基地，坚持“立足广西，服务东盟”办学思想，结合区位优势和培养小语种人才优势，依托广西动漫职教集团，通过校企合作制作完成了以“讲好中国故事、传播中华文化”为主题的 14 集电视动画片《百越历险记之壮锦密码》和《铜鼓奇缘》，将广西传统文化及文化遗产以动画片的形式传承、传播，通过网络平台等方式向东盟各国传播。

（三）推动学校特色发展。

加强专业建设，是职业学校加强内涵建设、提高教育质量的根本举措，是推进职业教育创新发展、科学发展、优质发展的核心环节，是现代职业教育体系建设的重要内容。

根据广西壮族自治区政府办公厅发《关于中等职业学校布局调整和专业结构优化的指导意见》提出，将根据地区人口规模、地区产业发展情况、中职院校在校生规模等调整学校布局，同时对接国家计划及自治区重点发展领域对专业结构进行调整，在校人数、招生人数等要求不达标的中职院校将被撤销。原则上连续三年年均招生规模不足 30 人、与区域产业不匹配、办学水平低、就业质量差的专业必须退出。鼓励学校特色化发展，专业差异化设置，避免低水平重复建设。

在互联网经济时代，广西华侨学校计算机动漫与游戏制作专业群对接数字文化创意产业开展建设，虽然取得一定的成绩，但是在人才培养模式与课程体系改革、师资队伍建设和校企合作运行机制等方面面临严重挑战，与产业人才需求尚有差距。面对新形势下的机遇与挑战，迫切需要对“互联网+”环境下的计算机动漫与游戏制作专业群如何对接数字文化创意产业的发展开展研究，推动学校特色发展。

二、 建设依据

（一）专业群理论

1. 专业群定义

所谓“专业群”，指围绕某一技术领域或服务领域，依据自身独特的办学优势与服务面向，以学校优势或特色专业为核心，按行业基础、技术基础相同或相近原则，充分融合相关专业而形成的专业集合，代表着院校的专业发展方向和重点专业特征。

专业群内的专业往往是围绕某一行业设置形成的一类专业，各专业具有相同的工程对象和相近的技术领域。反映在教学上就是各专业可以在一个体系中完成实训任务，在实验实训设施、设备上也必然有大量的设备是共用的，有相当一部分实验实训项目是共同的，这对职业院校实训基地建设有着重要的意义。

专业群内的专业是学校长期办学过程中，依托某一学科基础较强的专业逐步发展形成的一类专业，各专业具有相同的学科基础。因此必然有相同的专业理论基础课程，相应地，师资队伍必然有很大一部分是共同的，必然形成师资队伍专业团队，形成某类专业建设的良好的师资队伍环境。

2. 专业群分类

我国 2004 年公布的高职专业目录的分类就是坚持“以职业岗位群或行业为主，兼顾学科分类的原则”，分设 19 个大类，下设 78 个二级类，共 532 种专业。专业大类中的二级类专业体系可称为专业群。但高职院校专业群如何规划和建设是由学院的行业背景、地方经济社会发展程度、学院自身的办学条件和专业发展过程确定的，各院校专业群内专业的数量和分布并不与专业目录中的专业划分一一对应。

（二）现实依据

广西华侨学校计算机及应用专业于 1999 年开设，经过近 20 年的建设和发展，由单一的计算机及应用专业逐步转型为以计算机软件应用设计为主的计算机动漫与游戏制作专业为核心专业，建筑装饰专业、计算机平面设计专业、计算机网络技术专业等 3 个专业为骨干专业的计算机设计类数字文化创意产业专业群；各专业具有相同的工程对象和相近的技术领域。反映在教学上就是各专业可以在一个体系中完成实训任务，在实验实训设施、设备上也必然有大量的设备是共用的，有相当一部分实验实训项目是共同的，这对学校实训基地建设有着重要的意义。

2013 年学校牵头组建“广西计算机动漫与游戏制作职教集团”（以下简称广西动漫职教集团），2014 年成为广西教育厅首批备案并重点建设的职教集团。2015 年计算机动漫与游戏制作专业作为学校“国家中等职业教育改革发展示范学校”重点支持专业通过国家级验收，形成了以计算机动漫与游戏制作专业为核心专业，建筑装饰专业、计算机平面设计专业、计算机网络技术专业等 3 个专业为骨干专业的计算机设计类数字文化创意产业专业群。专业群已完成教学诊改基础数据采集工作，专业群全日制在校生人数达到 994 人。

依托广西动漫职教集团，辐射广西物资学校广告设计与制作专业、广西机电工业学校数字媒体技术应用专业、南宁市第一职业技术学校计算机动漫与游戏制作专业、南宁市第六职业技术学校数字媒体技术应用专业等学校成员单位有关专业，并与南宁职业技术学院搭建了“中高职衔接升学立交桥”。

三、 建设意义

（一）理论意义

随着动漫产业的发展，动漫人才需求与日俱增，虽然很多院校开设了动漫及相关专业，但市场反馈效果不佳，很多动漫及相关专业毕业生得不到企业的认同。我国经济社会快速稳定发展，互联网技术飞速发展，移动网络已经基本实现普及，知识体系的革新速度也越来越快，“互联网+”的发展为动漫及相关专业人才的培养提供了更多的发展空间。本项目研究对解决“如何通过创新化的人才培养模式来提升我国动漫及相关专业人才储备力量”等目前很多动漫及相关专业院校的问题具有重要的意义。

（二）实践意义

坚持以立德树人为根本宗旨，以提高质量为基本任务，以促进就业为行动导向，以服务发展为主要目标，主动适应技术进步和生产方式变革以及社会公共服务的需要，主动迎接“一带一路”“中国制造 2025”“互联网+”“大众创业万众创新”等战略机遇，进一步推进专业结构调整，着力提高专业建设水平，特别是专业群集聚发展水平，打造一个能够发挥引领辐射作用的现代化专业群，推动学校人才培养质量的提升。

四、建设目标

（1）探索在“互联网+”时代，政校企行共建计算机动漫与游戏制作专业及数字文化创意产业专业群机制。

（2）构建计算机动漫与游戏制作专业群人才培养模式，开发优化计算机动漫与游戏制作专业群人才培养方案，培育形成可推广借鉴应用的研究成果。

（3）把本专业群建设成为“专业结构优化、体制机制灵活、培养模式先进、资源高效共享、服务能力明显”的区内领先、国内一流、具有国际视野的示范性特色专业群，示范引领作用发挥明显，并带动全区职业院校建设水平的整体提升，使之从“对接产业、服务产业”向“提升产业、引领产业”转型。

五、建设内容

（一）计算机动漫与游戏制作专业群的现状分析

根据前期调研以及对近年报名参加广西职业院校动画片制作技能比赛的学校情况进行分析，不完全统计，全区开设计算机动漫与游戏制作专业的院校将近 30 所，这与区域行业需求、专业设置条件等因素有关。普遍存在的问题：专业建设层面上，专业的特色和优势尚不明显；课程体系层面上，部分教材内容陈旧、形式单一、脱离行业和职业发展实际、缺乏职业教育特色；教师队伍层面上，教学团队的综合素质与专业教学改革的需要和生产技术一线的应用水平尚有差距；实训建设层面上，实训项目还有待进一步开发，管理和服务水平还有待进一步提高；校企合作层面上，专业群与行业企业合作的深度还不够，体制机制还不够健全，行业、企业人员深度参与课程改革的力度需要进一步加强，适应工学结合要求的教学质量标准有待进一步完善。

（二）计算机动漫与游戏制作专业群相关专业设置及优化

按照整体规划、分步实施的原则，深入开展区域产业（行业）发展现状、趋势和技术技能人才需求调研，在此基础上，制定未来三年专业结构调整规划。建立健全适应产业优化升级的专业动态调整机制，提高人才培养的适应性和针对性。以优势专业为核心，按照专业基础相通、技术领域相近、职业岗位相关、教学资源共享的原则构建专业群。发挥专业群的集聚效应，以专业群建设带动学校教育资源优化配置。

（三）计算机动漫与游戏制作专业群人才培养模式改革

根据群内各专业特点，全面修订人才培养方案，使群内专业人才培养方案更适应产业转型升级及产业链的岗位需求，既相对独立，又互相联系；既能实现群内资源共建共享，又能体现产业岗位细化的前瞻性。按照校企合作、工学结合的总体要求，协同推进专业群人才培养模式改革，积极探索定向培养、联合培养、订单培养和现代学徒制等多样化的人才培养模式。整体推进专业群评价模式改革，系统制定专业群人才培养质量评价标准，广泛吸收行业企业参与质量评价，积极探索第三方评价。实施具有专业群特色的“双证书”制度。

（四）计算机动漫与游戏制作专业群课程体系改革

按照确保学生职业能力、人文素质、职业素养整体提升的要求，以“基础模块+专业模块”的形式，注重群内相通或相近的专业基础课程和相关或相近的专业技术课程建设，系统构建专业群课程体系。加强群内专业课程内容整合，实时引入行业企业的新知识、新技术、新标准、新设备、新工艺、新成果和国际通用的技能型人才职业资格标准，动态更新教学内容。改革教学方法和手段，深入开展项目教学、现场教学、案例教学、模拟教学，以“做”为核心，真正实现“教、学、做”合一。加强核心课程建设，专业群至少建成3门以上相关专业共享的优质核心课程，开发3门基于动画片制作过程的工作页教材。

（五）计算机动漫与游戏制作专业群实践教学条件建设

1. 校内实训基地建设

按照群内共享的原则，整合校内实践教学资源，建设专业群实习实训基地。专业核心技能的训练项目都有对应的生产性实训基地，学生有对口的顶岗实习岗位。根据专业特点，按照“理实一体”原则，建设真实、仿真的项目教室、现场教室等，专业技能训练项目都有对应的实训室，项目开出率达100%。实习实训设施设备技术含量高，基本达到合作企业现场生产先进设备的水平。

2. 校外实训基地建设

按照校企合作、共建共享的原则，建设相对稳定的校外实训基地。校外实训基地的遴选与建设要与实践教学体系配套，满足生产性实训和顶岗实习需要。

（六）计算机动漫与游戏制作专业群教学团队建设

1. 专业群带头人队伍建设

以核心专业带头人为引领、群内其他专业带头人为骨干，建设一支高水平、专业优势互补的专业群带头人队伍。着力把核心专业带头人培养成熟悉产业（行业）发展趋势、能驾驭专业群建设、具有较强综合协调能力的专业群带头人；专业群带头人应在区域和行业有一定影响，原则上具备副高级专业技术职务。实行“双专业带头人”制，专业群和群内各专业应有1名掌握前沿技术和关键技术、具有行业影响的现场专家作为专业带头人。

2. 骨干教师队伍建设

采取培养、引进、外聘等多种方式，建设一支在专业群建设中发挥中坚作用、满足教学需要、相对稳定、资源共享的专业骨干教师队伍。骨干教师应具有双师素质，有较强的教育教学研究能力，能主讲2门及以上专业课程（其中至少1门为专业核心课程）。充分发挥骨干教师作用，每名骨干教师至少帮带1名青年教师成长。建设期内，专业群教学团队至少取得1项市级及以上教学成果，或主持1项市级及以上课题（教研教改项目）。骨干教师队伍建设带动专业群教师队伍水平整体提升，“双师型”教师比例达到70%以上。

3. 兼职教师队伍建设

建立健全校企共建教师队伍机制，聘用有实践经验的行业专家、企业工程技术人员、高技能人才和社会能工巧匠担任兼职教师，建设一支以企业（行业）技术人员为主体、相对稳定、动态更新的兼职教师队伍。建立兼职教师库，实行动态更新。加强兼职教师教学能力培训，提高兼职教师教育教学水平。

4. 师德师风建设

重视教师的政治理论学习和道德修养，引导教师践行社会主义核心价值观，树立正确的世界观、人生观和价值观。认真执行国家法律法规有关教师职业道德的规定，对教师的职业道德、业务水平和工作业绩定期进行考核。教师遵循职业教育教学规律，树立正确的教学观和学生观，以立德树人为己任，爱岗敬业、乐于奉献，无重大教学责任事故和造成社会不良影响的行为。把师德师风作为教师考核和技术职务晋升的重要内容。

（七）计算机动漫与游戏制作专业群社会服务

1. 搭建平台，营造氛围

通过搭建专业群研究平台，营造校企共同关注、共同学习的学术研究交流氛围，为后续的人才培养方案和专业课程教学内容的修订、专兼职教师的培养互聘、学生实习就业等工作创造有利条件。

2. 面向需求，勇担服务

根据行业企业、职业院校的共同需求，活络研究机制，深入开展调研，理论联系实际，满足多元需求，在“集团化办学、民族文化传承创新、质量诊断与改进”等工作方面提供有效的服务。

3. 共享资源、携手发展

整合专业群的优势资源，研究共享机制，达到优势互补，提高人才培养质量，实现专业群携手发展，为区域经济发展做出贡献。

（八）计算机动漫与游戏制作专业群发展机制建设

1. 校企合作体制机制建设

按照“人才共育、过程共管、成果共享、责任共担”的要求，创新专业群校企共建机制。完善专业共建、教师企业实践、顶岗实习管理、实习责任保险等校企合作制度。通过创新共建机制，推动校企共同开发人才培养方案、课程标准，共建师资队伍、实习实训基地，共同开展应用技术研究、推广、咨询和社会培训。建设期内，专业群深度合作企业达6~10家，所有核心课程全部实现校企共建，共建技术研发或推广中心1个以上，有1个以上共建的培训中心，开展社会培训不少于300人次。

2. 教学管理机制建设

教学常规管理制度健全并执行到位。充分利用网络和现代教育技术推行信息化管理。全面建立适应技术技能人才培养要求的质量评价和保障体系。积极探索选课制、分阶段完成学业等教学组织模式。把学生满意率、企业满意率、社会满意率作为评价的核心指标，改革教师教学质量评价办法。建立以学生作品为载体，以职业知识、职业技能与职业素养为评价核心，过程考核和结果考核相结合的课程考核评价体系。建立顶岗实习跟踪监控机制，校企共同实施顶岗实习质量管理。建立毕业生质量跟踪调查机制，关注毕业生群体与个体职业发展状况。

3. 统筹发展机制建设

建立校企常态沟通机制。专业群建设密切关注区域相关产业（行业）发展，实时跟踪职业岗位新的技术、技能要求，主动适应产业需求，相关合作企业积极参与专业群建设，主动提供人员、技术、设备等支持，实现专业群与产业协同发展。

六、 建设难点、 拟解决关键问题和创新之处

（一）建设难点

1. 专业群研究的方法单一，要多样化

从上述关于专业群研究现状的分析看，国内关于专业群建设的研究成果理论多于实践，思辨多于实证，因此需要在理论指导下进一步开展实证研究，为专业群建设的实践层面提供借鉴和参照。

2. 专业群研究内容和成果不足或不全面，要多元化展开

现今很多学者对专业群建设的研究内容存在单一性的认识倾向。如有的专业群建设仅仅以“大平台、小模块”课程体系构建为目标，还有较多的是以课程基础、师资团队、实训条件等资源共享为建设目标。但是如何才能提高示范院校对经济社会发展的服务能力呢？这就需要高职院校视具体情况的不同，以多元目标取向及专业的交叉复合为发展方向来组建不同形式的专业群。有的围绕学科基础来构建；有的以复合型人才培养为目标来构建；有的围绕职业岗位群来构建；有的围绕产业链构建链条式专业群；有的依托自身的教学资源，通过营销学中的 SWOT 分析来构建专业群。

3. 专业群的研究人员过于缺乏，需要更多的职业院校和行业企业积极参与

目前，专业群的研究人员主要集中在几所院校，不少院校在专业群研究方面尚属空白。专业群建设是学校整体水平和基本办学特色的集中体现，是学校长期生存和发展的可靠保证。因此，各院校要联合行业企业积极参与到适合自己学校特色的专业群建设中去。

（二）拟解决的关键问题

1. 解决专业群人才体系不匹配的问题

目前，游戏、动漫等数字文化产业领域专业人才十分缺乏。研发和运营一款网络游戏的人才涉及游戏策划、技术开发、设计合成、美术、网络维护、营销、售后服务、在线管理等方方面面，成熟团队成为稀缺资源，但用户却持续快速增加，这种失调制约了产业发展。同时，数字文化产业领域普遍存在人才培养方式和评价机制不合理问题，相当多的创意人才并没有高学历、高职称，但是产出非常高，市场化的人才培养与评价机制亟待建设。

2. 解决群内专业整合不够合理的问题

通常专业群是以专业技术基础相同或相关，具有共同的专业技术基础课程和基本的技术能力要求的若干个专业整合而成的。但实际上很多专业群的专业划分不够科学合理，很牵强地把一些不相关的专业划分到同一个专业群里，或大都仍限于现有学校或科室的内部，很少有跨校或跨科的专业群合作。这样，相关资源没有得到共享，同时还限制了该专业的发展。

3. 解决专业群建设形聚而神不聚、群内专业缺少协作与交流的问题

专业群建设是一个群内各专业互动、整体不断创新发展的过程。专业群的形成与发展依赖于群内各专业的相互交流、内部资源的有机整合，但目前这种聚集更多的是“形聚”，而未在师资、教学资源等方面形成真正意义上的集聚体，即没有真正实现资源共享。专业群内各个专业或专业方向之间联系不够紧密，群内专业沟通与交流不足，教师的合作意识不是很强，不能充分发挥专业群教师团队优势，制约了专业群发展。

（三）建设创新点

（1）依托广西动漫职教集团的集团化办学优势，构建“跨校、跨科”的专业及专业群，形成专业建设发展合力，服务“互联网+”数字文化创意产业。

广西动漫职教集团现有成员单位40家，其中国家级认证的广西区内动漫企业6家，区外知名企业6家，高职院校3家，国家中职教改示范学校11所，形成了“专业引领、区域共享”的职教集团。根据工作章程，依托参与企业真实项目，广西动漫职教集团在各理事单位精诚互助、通力合作下，在人才培养模式与课程体系改革、师资队伍建设、校企合作运行机制等方面取得了较为显著的成效。

（2）以“广西民族文化传承创新职业教育基地”为载体，制作以“讲好中国故事，传承民族文化”为宗旨的动漫项目，面向东盟传播中华传统文化。

坚持“讲好中国故事，传播中华文化”的创作理念，凝聚专业群的集体智慧，通过创作动漫作品传播中华传统文化，发挥职业教育在民族文化传承创新中的促进作用。通过校企原创动画项目，适时调整专业结构和改革人才培养模式，推动民族文化进校园、进课堂、进职业，校企共同开发系统化、科学化课程，探索推行现代学徒制等，推进民族文化传承人才培养的系统化，促进民族文化产业发展，构建“职业教育教学改革与民族文化传承创新”共同建设、共同发展的实践新模式。

七、建设方法

（一）文献研究法

通过收集、整理、分析国内外与本项目相关、相近的文献资料，全面、正确地了解研究问题的现状及支持本项目研究的理论依据。

（二）调查研究法

采用谈话、问卷、个案研究等方式，对与本项目有关的教育现象进行有计划的、周密的和系统的了解，并对调查搜集到的资料进行分析、综合、比较、归纳，从而形成具有一定规律性的观点。

（三）行动研究法

针对教育活动和教育实践中的问题，理论与实践相结合，在行动研究中解决教育实际问题，并对研究所获得的数据、资料进行系统的科学的处理，得出研究所需要的结论。对产生这一课题的实际问题及其解决的程度做出解释，并对研究成果进行评价。

（四）经验总结法

通过对研究实践活动中的具体情况进行归纳与分析，使之系统化、理论化，探索总结出适合广西职业教育计算机动漫与游戏制作专业及专业群建设及发展的工作方案、人才培养模式、运行机制等。

八、 项目成员分工与进度

序号	实施阶段	具体时间安排	进度	人员分工
1	研究阶段	2018 年 11 月至 2019 年 3 月	（1）了解 2018 年专业及专业群招生情况；分析学情；举行研讨会，明确职责。 （2）商讨专业及专业群三年人才培养方案	全体成员
2	启动阶段	2019 年 4 月至 2019 年 5 月	（1）每个项目成员学校依据自身实际，制定切实有效的工作方案，建立项目研究档案。 （2）了解相关项目的研究现状，深入分析本研究的主攻方向，制定好具体的实施方案	全体成员
3	实施阶段	2019 年 5 月至 2021 年 12 月	根据项目研究内容，校企合作、校校合作，确保项目科学有序进行	全体成员
4	总结阶段	2022 年 1 月至 2022 年 4 月	（1）组织项目组成员汇报、交流、梳理成果与收获。 （2）总结研究工作的绩效，做好基地验收有关工作	全体成员

九、 项目经费分配

序号	经费使用项目	经费预算（万元）	计算依据
1	文献资料费	0.5	购买学习资料、光盘、书籍等，开展问卷调查，文献资料收集、案例分析等费用
2	调研费（差旅费）	3	参加国内相关交流研讨会，前往区内外有关院校开展调研交流实践等差旅费用

续表

序号	经费使用项目	经费预算（万元）	计算依据
3	开发制作费	6	开发制作3门专业核心课程基于工作过程为导向的一体化教学工作页等费用
4	出版费（论文、著作）	4	研究成果系列论文发表版面费等费用
5	学习交流费用（会议费）	2	组织召开针对项目研究的研讨会、交流会等会务资料费
6	结题验收、鉴定费	4	开题指导、中期检查、结题验收、成果鉴定等专家劳务费
7	其他	0.5	不可预计的一些费用
共计20万元 （不用于购置硬件设备、支出水电费、通信费、餐费等）			

十、预期成果（成果名称、成果形式等）

	序号	成果名称	成果形式	负责人
阶段性成果	1	计算机动漫与游戏制作专业及专业群建设调研报告	调研报告	全体成员
	2	计算机动漫与游戏制作专业及专业群的建设方案	建设方案	
	3	计算机动漫与游戏制作专业及专业群人才培养模式	人才培养模式	
	4	3门专业核心课程基于工作过程为导向的一体化教学工作页	教学工作页及教学资源	
	5	发表系列研究论文	文本（刊物）	
	6	制定系列运行机制	文本	
终结性成果	1	计算机动漫与游戏制作专业及专业群研究基地研究报告（工作报告）	研究报告	
	2	发表系列研究论文	文本（刊物）	
	3	制定系列运行机制	文本	

第二节　广西中等职业学校品牌专业计算机动漫与游戏制作专业群建设方案

专业（群）名称：计算机动漫与游戏制作专业群

专业带头人签字：张建德

学校负责人签字：陈进超

所在学校（盖章）：广西华侨学校

举办单位（盖章）：广西壮族自治区党委统战部

填表日期：2020 年 7 月 1 日

广西壮族自治区教育厅制

一、 建设背景

近年来，国家和自治区职业教育改革实施方案明确提出要求，进一步推动中等职业教育内涵发展，中等职业学校品牌专业建设被提上日程。自治区教育厅要求“集中力量建设一批引领改革、内涵发展、特色鲜明、一流水平的中等职业学校品牌专业，不断提升中等职业学校办学水平和服务地方经济社会发展能力”。

2016年，包括数字文化创意等在内的数字创意产业，被列入《战略性新兴产业重点产品和服务指导目录》，为文化产业带来了新的发展机遇。近年来，广西大力推进“互联网+”行动，促进对外交流，发展网络数字文化产业。国务院《“十三五”国家战略性新兴产业发展规划》指出，到2020年我国战略性新兴产业增加值占国内生产总值比重由2015年的8%将达到15%，数字创意产业成为要重点培育的5个产值规模达10万亿元级的新支柱产业之一。数字文化发展迅速，人才需求缺口巨大，对复合型高素质技术技能人才更有迫切需求。

广西华侨学校计算机动漫与游戏制作专业开设于2008年，坚持“校企合作、工学结合”的办学理念，已逐步发展成为以计算机动漫与游戏制作专业为核心专业，包含计算机平面设计专业、建筑装饰专业、计算机网络技术专业、电子商务和数字媒体技术应用等5个专业为骨干专业，面向战略性新兴产业的数字文化产业专业群。

目前，数字文化产业专业群如何对接广西新一代数字文化创意产业链上中下游的关键技术领域，为产业链不同位置的中小微企业培养能从事跨技术领域的产品研发和创新的复合型技术技能人才，已成为广西华侨学校突破现状的重要命题。

因此，广西华侨学校经过充分论证，以“整体设计、重点突破、示范引领、创新发展”为原则，将专业群现有资源进行整合、优化和完善，紧紧围绕服务我区数字文化创意产业，面向东盟对接东盟文化产业，打造定位准确、人才培养质量优异、产教研融合密切、社会服务能力强、特色鲜明的国际先进水平品牌专业群，使专业协同发展，共同在人才培养、教学资源共享、社会服务等方面为广西经济社会发展做出巨大贡献。

二、 建设基础

（一）核心专业办学时间长，产出效益显著

核心专业办学11年，专业群目前是广西中职学校学生规模最大、师资力量最强、教学条件最优、办学效益最好的计算机动漫与游戏制作专业群。

广西华侨学校计算机动漫与游戏制作专业开设于2008年，办学11年，目前在校生1 530人。坚持“校企合作、工学结合”的理念，逐步发展成为以计算机动漫与游戏制作专业为核心专业，包含计算机平面设计专业、建筑装饰专业、计算机网络技术专业、电子商务和数字媒体技术应用等5个专业为骨干专业面向战略性新兴产业的数字文化产业专业群。

专业群发展定位结合学校“国务院华文教育基地——以侨搭桥，立足广西，服务东盟”的办学理念，对接国家《战略性新兴产业重点产品和服务指导目录》的数字文化产业，对接广西九张创新名片的第四张名片——互联网经济，大力推进“互联网+”行动，促进对外交流，发展网络数字文化产业。

（二）牵头组建广西示范性职教集团——广西动漫职教集团，集团化办学效果显著

学校牵头组建“广西计算机动漫与游戏制作职教集团”（以下简称广西动漫职教集团），入选广西示范性职教集团，实现多方共赢。广西动漫职教集团现有成员单位32家，其中包含广西动漫协会、10所开设计算机动漫与游戏制作专业的广西中职“国示校”、6家广西国家级认证动漫企业，集团坚持“合作交流、资源共享、互利互惠、多方共赢”的工作目标，推动职业教育资源整合和人才培养模式创新，逐步形成了单一专业、跨区域共享型的职教集团。

（三）人才培养质量高，在校生、招生规模居广西中职同类专业群前列

专业群平均每年招生超500人，在校学生规模保持在1 500人以上，每年为区内外数字文化产业和对口高职院校输送大批优秀高素质技术技能人才。毕业生就业率95%，企业满意度达到90%以上，平均起薪2 000元以上，就业满意度达到90%以上。60%的毕业生已经成为数字文化产业的骨干力量和高职院校的优秀学生，毕业生遍布广告制作、影视特效、动漫制作、网络运营、电子商务等产业领域，成为推动区内外数字文化产业发展的重要力量。学生获国家级、自治区级技能竞赛奖项70多项。

（四）教学团队成员入选广西中职名师工程人数居广西中职同类专业群第一位

专业群拥有一个以计算机动漫与游戏制作专业正高级讲师（特级教师）为引领，广西中职名师工程学员、企业领军人物和技术骨干共建的自治区级教学团队（广西中职名师工作坊）。教学团队中有计算机动漫与游戏制作专业正高级讲师（特级教师）1名、高级讲师10名、高级双师4名、广西中职名师工程学员5名。60%的教师获得Adobe、神州数码、华为等行业认证。专业骨干教师双师比例达100%。核心专业85%的专业教师来自企业，具有丰富的企业项目经验和高水平的技术服务能力。教师获得国家级、自治区级教学比赛和技能比赛奖项20项。

（五）教学教改成果显著，辐射、引领广西中职同类专业群

校企合作开展教育教学改革工作，教学团队在中文核心期刊发表论文33篇，撰写出版专业教材12本，获得国家级教学成果奖1项、广西职业教育教学成果奖4项。专业建设经验得到兄弟学校认可，横县职教中心、桂林农业学校、广西玉林农业学校、贵港职教中心、广西交通技师学院等多所学校到校交流，教学成果经验在广西机电工业学校、广西物资学校等12所学校推广应用，深受好评和认可。

（六）实训基地服务能力强，推动广西数字文化产业发展

专业群建有占地 1 200 多平方米，按照动画片制作流程、具有企业仿真环境的广西中职首批自治区级示范性实训基地，与广西卡斯特动漫有限公司、南宁峰值文化传播有限公司等 6 家国家级认证动漫企业、广西动漫骨干企业合作共建校外实训基地，师生团队为企业真实项目提供技术服务，与企业深入合作开展科技研发应用、电视动画项目制作及数字电影拍摄剪辑等项目 5 项，完成省级、市级横向技术科研项目 2 项，创造效益 100 万元以上，获得计算机软件著作权 5 项、外观设计专利 1 项、申请发明专利 1 项、作品登记证书 2 项、国产电视动画片发行许可证 2 项，取得较好的社会效益和经济效益。

（七）推进文化对外交流，服务脱贫攻坚战略

学校充分发挥侨缘、地缘优势，面向海内外招生，形成了“以职业教育与国际交流并举，华侨特色突出，中外文化交汇”的办学格局。发挥学校是“国务院华文教育基地”和“广西扶贫创业致富带头人培训基地”的优势，推进文化对外交流，服务脱贫攻坚战略。坚持“讲好中国故事，传播中国好声音”——以学校“广西民族文化传承创新职业教育基地（动漫）”为平台，经国家新闻出版广电总局备案，校企合作创作了原创动画片《百越历险记之壮锦密码》和《铜鼓奇缘》，其中，《百越历险记之壮锦密码》荣获 2017 年广西优秀原创动漫作品奖，《铜鼓奇缘》获得“新光奖”中国西安国际原创动漫大赛最佳丝路国际艺术民族动漫提名奖。

学校是国务院华文教育基地，动画片深受我校东盟留学生欢迎，项目团队为留学生讲授动画技术和民族技艺，通过合作企业与东盟有关国家开展项目合作运营，推进对外文化交流。在中国—东盟职教展、广西职教活动周期间，得到教育部原副部长鲁昕、广西教育厅厅长唐咸仅等领导高度赞许，广西日报、广西教育厅官网等新闻媒体多次对专业群进行了报道，办学特色赢得了广泛的社会赞誉。

学校是广西扶贫创业致富带头人培训基地，以校企合作的形式共建职业技能培训中心，承接致富采购培训服务以及面向市场化的职业技能培训服务。培训团队由高校、科研院所专家、相关产业企业家、侨商及学校辅导老师组成，开展休闲农业、创业培训、农产品品牌营销、电子商务等技能培训超 1 000 人次，全力服务脱贫攻坚战略。

三、专业群组群逻辑

计算机动漫与游戏制作专业群是学校龙头骨干专业群，紧密对接数字文化产业发展需求侧重点岗位群，整合学校跨专业资源，由计算机动漫与游戏制作、计算机平面设计、建筑装饰（室内设计方向）、数字媒体技术应用、计算机网络技术、电子商务等专业构成（如图 1 所示），服务广西区域经济社会发展和数字文化产业转型升级。专业群将跨领域合作，与学校商务泰语和越语等专业合作，面向东盟输出数字文化产业人才和数字文化产品。

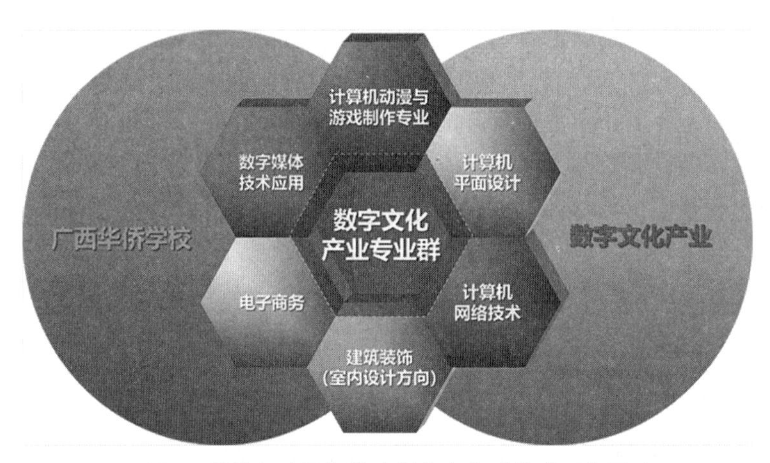

图1　计算机动漫与游戏制作专业群构成示意图

（一）专业群人才培养对接数字文化产业全产业链重点岗位群

计算机动漫与游戏制作专业群是学校重点龙头专业群，专业群对接数字文化产业中的项目策划设计岗位群（产业链上游）、项目生产制作岗位群（产业链中游）、项目运营推广岗位群（产业链下游），全产业链重点岗位群与专业群形成对接关系（如图2所示），为产业链不同位置的中小微企业培养能从事跨技术领域的产品研发和创新的复合型技术技能人才。

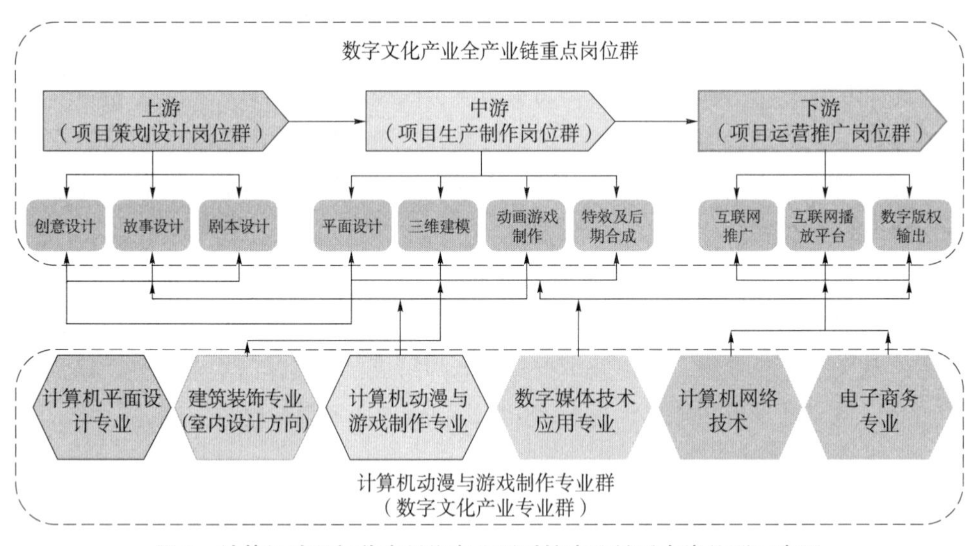

图2　计算机动漫与游戏制作专业群对接产业链重点岗位群示意图

（二）专业群人才培养定位

立足广西、辐射西部、面向东盟，专业群可以针对西部地区、东盟国家数字文化产业需求侧特点，为数字文化全产业链重点岗位群（如图3所示）培养美术设计师、平面设计师、动画设计师、游戏UI设计师、3D动画师、二维动画师、广告设计师、影视后期合成师、摄影师、录音师、多媒体作品制作员、计算机乐谱制作师、音响调音员、电子商务人员、网络营销员、网络广告员等复合型高素质创新技术技能人才。在产业链不同阶段企业中，这些岗位的技术技能知识点具有 75%~85%相同。

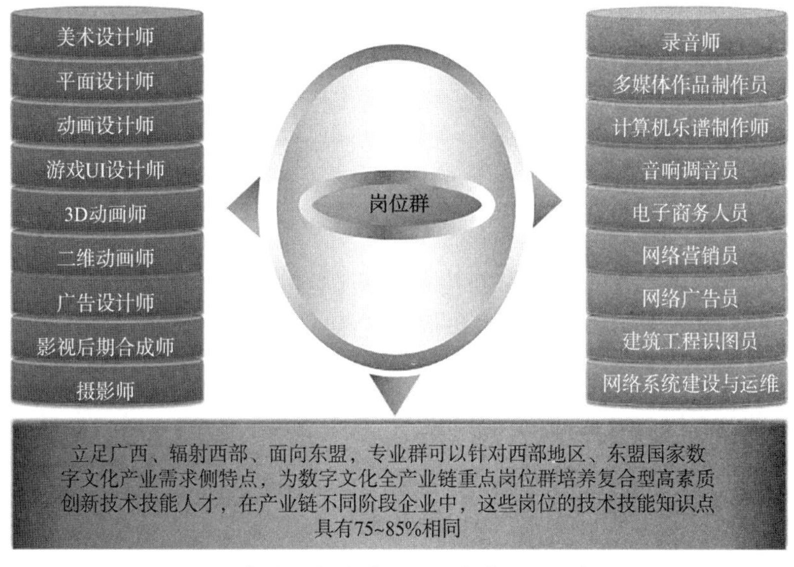

图 3　数字文化全产业链重点岗位群示意图

（三）专业群的逻辑关系

专业群服务数字文化全产业链，群内各专业具有基础相通、资源共享、岗位相关、优势互补、互相促进、协调发展的耦合关系（如图 4 所示），自然形成一个有机整体，专业群资源聚集度高、融合性强，服务定位准、集群效应明显。

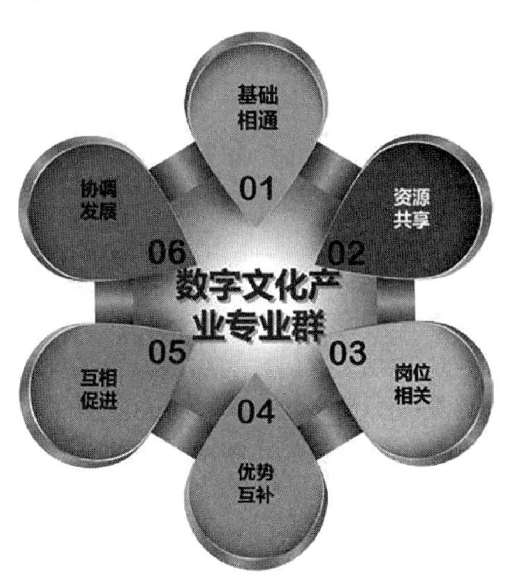

图 4　专业群各专业之间的相连关系示意图

（1）基础相通：群内各专业的公共课程、专业基础课程具有较高的相通性，共用专业群平台课程。

（2）资源共享：群内各专业在师资队伍、教学资源、实训基地、仪器设备、合作企业、技术研发等方面可以实现高度资源共享互用。

（3）岗位相关：具有相同的专业文化属性和行业产业背景，群内各专业对应的岗位，在职业素养、基础技能等方面具有较强的相关性，有利于提高学生的岗位适应能力和迁移能力。

（4）优势互补：各专业在产教融合、校企合作中充分发挥人才、技术、设备、资源的优势，各取所长，实现优势互补。

（5）互相促进：群内各专业领域新技术、新工艺的出现，都会带动其他领域的技术革新，推动人才培养质量的提升，从而形成良性循环。

（6）协调发展：围绕数字文化全产业链需求，群内各专业可以实现优势互补、协同发展，产生较强的资源集群效应。

基于数字文化产业链条上相互关联的职业岗位群，专业群通过多维度、深层次产教融合，实现了人才链与产业链的精准匹配，提高了专业群建设的内在动力和外在活力，达到了培养复合型高素质技术技能人才的目标。

四、建设目标与思路

（一）建设目标

响应国家“一带一路”倡议，以习近平新时代中国特色社会主义思想为指导，依托广西区位优势，秉承学校“为侨服务，为经济建设服务”的办学宗旨，对接国家战略性新兴产业——数字文化产业，服务广西创新发展第四张名片——互联网经济，发挥国务院“华文教育基地”优势，以“侨”搭“桥”，立足广西，面向东盟，坚持以“立德树人，核心素养”为育人根本，以产教融合为主线，通过建设一支数量充足质量优良的“双师多能型”教师队伍，构建“核心素养贯穿、底层共享、中层分立、高层互选、课证贯通”的专业课程体系，校企共建具有企业文化及职业氛围的、满足“产教学研做、多功能一体化”的“生产型数字创新工场”产教融合实训基地和“数字文化教育云课堂”信息化教育平台，建设打造数字文化品牌专业群，培养数字文化产业人才，促进数字文化产业转型升级和对外交流，实现数字文化产业高质量发展。

到 2022 年，取得 80 个省部级以上的标志性成果，建成具有国际化办学能力的“特色鲜明、广西一流、国内领先”的广西首个高水平课证融合的中职学校数字文化产业专业群，多元主体共同办学的活力显著增强，产教深度融合的信息化、国际化和现代化的办学水平显著提升，使计算机动漫与游戏制作专业群成为“一带一路”背景下，我区文化产业面向东盟“走出去”的高技能人才专业集群，成为我区数字文化产业和区域经济发展的高技能人才培养基地，更好地为西部民族地区文化创意产业和区域经济发展服务，在全区乃至全国同类专业群中发挥示范作用。

（二）建设思路

聚焦“以人为中心”的内涵建设，以机制体制创新为引领，产教深度融合为主线，“信息技术+”为手段，专业群建设为抓手，推动教学链、产业链、利益链的深度融合，彰显引领示范性和国内影响力，服务数字文化产业高质量发展，助力西部民族地区脱贫攻坚和乡村振兴，服务国家“一带一路”建设。

发挥学校是广西动漫职教集团牵头单位、广西动漫协会副会长单位、广西传承创新职业教育基地（动漫）、华文教育基地的优势，与行业协会及数字文化产业知名企业深度合作，共建课程教学资源和实践教学基地，研制融入数字文化产业新技术、新方法的人才培养方案和课程标准，推进专业群高水平建设，共同打造广西中职高水平发展领先标杆的数字文化产业人才创新型技术技能人才培养高地和服务数字文化产业高质量发展的重要基地，为广西数字文化产业发展提供高质量的人才和研发平台支撑；探索校企命运共同体建设，政校行企多元主体共同构建集科技攻关、技术技能创新与积累、技术成果推广转化于一体的“职教集团实体化运作、混合所有制产业学院”示范新高地，引领南宁数字文化产业发展（如图 5 所示）。

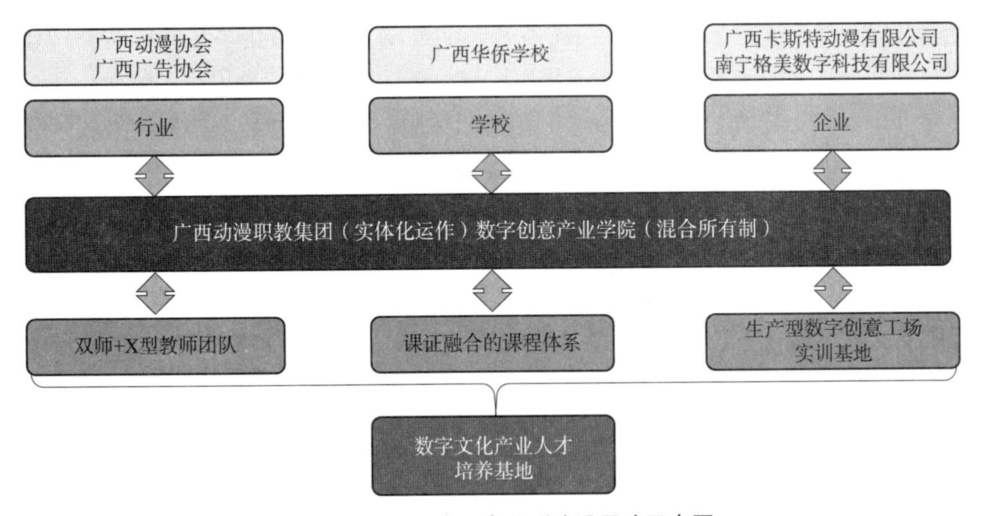

图 5 数字文化产业专业群建设思路示意图

重点面向“一带一路”共建国家、东盟国家和“走出去”企业，搭建输出“侨校”标准的国际服务与合作发展大平台，形成一套职业教育高质量发展的政策、制度、标准体系，建成国际交流共享的中国特色高水平中职学校专业群新样板。

结合“1+X”证书制度，探索数字文化产业专业群课程模块化的教师分工协作组织模式，实施“课、证、赛、岗”融合课程，试行“人工智能+课程”的教法改革。

构建由“一个委员会、一套制度、五级监控、六位一体、七种方式、九项内容”组成的专业群建设和教学质量监控“115679”高水平专业评价体系。

（三）具体目标

1. 专业（群）定位与发展

通过产学对接调研和专业群建设论证，对接数字文化产业，以计算机动漫与游戏制作专业为核心，建成由计算机动漫与游戏制作、计算机平面设计、计算机网络技术、建筑装饰（室内设计方向）、电子商务、数字媒体技术应用等6个专业组成的计算机动漫与游戏制作专业群（数字文化产业专业群）。

以项目为载体，实施“一体两翼、四方驱动”的政校行企协同的动漫专业群创新办学模式，针对职业岗位（群）的变化，专业（技能）方向不少于6个；以“中高职衔接”为主，“创业就业”为辅制定人才培养目标，按照中升高、创业就业的能力结构制订人才培养方案。

依托广西区位优势，秉承学校“为侨服务，为经济建设服务”的办学宗旨，对接数字文化产业，服务互联网经济，发挥学校是国务院“华文教育基地”和唯一能招留学生的中职学校的独特优势，以“侨”搭“桥”，借“留学生”出海，立足广西，面向东盟，充分挖掘东盟国际化及民族文化传承相关特色元素，把数字文化产业专业群建设成“数字文化+民族文化+东盟文化”的国际化品牌专业群。

具体以广西动漫职教集团为载体，以广西动漫协会为依托，建设校企命运共同体，实施校企合作“七个共同”，提高行业企业参与办学程度，政校行企多元主体共同构建集科技攻关、技术技能创新与积累、技术成果推广转化于一体的“职教集团实体化运作、混合所有制产业学院”示范新高地，健全多元化办学体制，全面推行校企协同育人。每年召开工作会议两次，举办一次作品大赛、两次专业论坛，形成一套职教集团化办学工作标准，发挥示范、辐射作用。

通过三年建设，夯实教师团队、课程体系、实训基地和产业学院四大基础，把数字文化产业专业群发展成为“数字文化”+民族文化”“数字文化+东盟文化”，辐射西部、引领全国的首个中职外向型国际化数字文化产业专业群（如图6所示）。

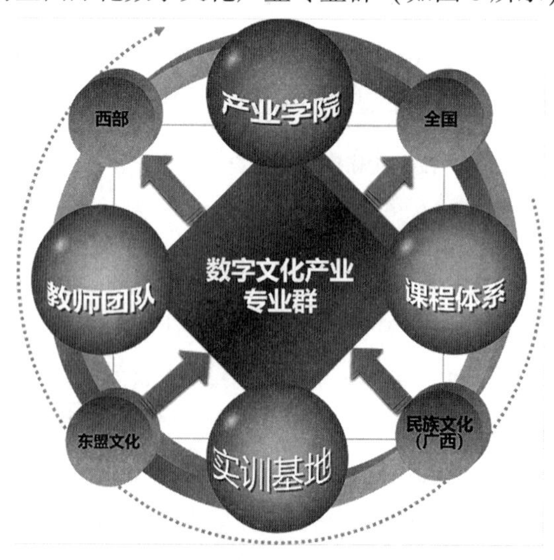

图6　外向型国际化数字文化产业专业群示意图

2. 建成高标准专业群课程体系和专业资源库

按照国家级教学资源库标准建成一个对接国际标准、体现数字文化产业最先进技术的高水平专业资源库，围绕数字文化产业需求侧，建成1门专业群共享平台课程和覆盖计算机动漫与游戏制作、计算机平面设计、计算机网络技术、建筑装饰（室内设计方向）、电子商务、数字媒体技术应用等产业领域的6门专业群核心课程，建成1门精品在线课程，开发7本数字文化产业新型教材，实现数字文化产业先进技术在课堂教学中的信息化应用。

3. 建成高水平教学创新团队

培养或引进2名具有行业领军能力的大师级专业带头人、3名持有业内高端认证的专家级骨干教师，培养5个取得行业顶级认证的教师，培育自治区级教学名师1名，专任教师双师比例达到100%。建立50人以上的专业群高水平兼职教师库，其中具备行业高端认证的专家级外聘教师10人以上。组建名师、专业带头人，“教学能手+企业专家”组成“专业基础、专业核心、专业拓展”课程三大类型教学创新团队6个，形成一套操作性强的可动态调整、可持续发展的教学创新团队管理运行机制。

4. 建成先进共享的校内外实训基地

与产业链龙头企业共建1个装备水平高，具备产、学、研、创、服等“五位一体”功能，共享性强，辐射面广，具有企业文化及职业氛围，满足“产教学研做、多功能一体化”的“生产型数字创新工场”实训基地；同时，建设4个校企协同创新中心，升级改造专业群原有的8个校内实训基地和10个校外实训基地，满足“现代学徒制”教学需要。校内实训中心建成后能同时满足500名学生的项目化实践教学要求，又能满足“1+X”证书制度的职业技能等级培训和鉴定，还能承担为企业提供技术开发和人员培训的任务。

制定和实施“信息技术+”工作方案。开展专业教学资源库建设，建成一个“数字文化云课堂”信息化教育平台。

5. 加强教学与实习组织实施

创新推行校内课堂、网上课堂和企业课堂“三个课堂”教学模式，推进教法改革。推行面向企业真实生产环境的任务式教学模式，进行教学设计和学习情境构建，确定工学结合的教学实施途径，“教学做”于一体，在教学中广泛采用项目教学法、情景式教学、案例教学法、模拟训练法等方法，深化校企联合培养，强化学生核心素养和综合能力的培养。

依据数字文化产业的特点，校企共同制定认识实习、跟岗实习和顶岗实习教学管理制度；建立促进学生发展、科学多元的评价方式，制定教学评价制度。

从学校、专业、课程、教师、学生五个层面，按照决策指挥、资源建设、支持服务、质量生成、监督控制等五个系统，以校本数据平台为依托，建立全覆盖、网络化的“五纵五横一平台”的“115679”内部质量保证体系。

按照工作实际进度，组织申报自治区级教学成果奖，并获奖2项。

6. 提高质量效益

强化招生工作，提高全日制招生完成率；积极承办学生技能大赛，提高参赛学生获奖率；申报“1+X”证书制度试点，提高学生获取所学专业国家资格认定体系内职业资格证书的比例；与行业企业深度合作，培养专兼职创业导师，在课程中设置创新创业教育模块，建设学生创新创业实践基地，提高学生就业率和创业成功率；充分利用学校教育资源，积极开展培训、生产、咨询和技术服务，提高行业培训的社会效益和经济效益；对本区域其他学校开放专业资源，接受来访、观摩、参观，发挥示范引领和辐射作用；积极面向农业、农村、农民开展培训和服务，巩固脱贫攻坚成果；发挥“侨校”优势，积极走出去，与东盟国家合作开展国际化办学。

五、 建设内容

（一）以立德树人为主体，创新专业群人才培养模式

1. 建设目标

按照“整体规划、分步实施”的原则，深入开展区域数字文化产业发展现状、趋势和技术技能人才需求调研，健全完善专业群建设指导委员会运行机制和适应产业优化升级的专业动态调整机制。依托广西动漫职教集团和广西动漫协会两大平台优势资源，加强广西动漫职教集团建设，推进产融集团化办学，全面实施校企协同育人的“七个共同”，建设“共商、共建、共营、共享”的集团化校企协同育人机制。

通过政校行企构建“一体两翼，四方驱动”的政校行企协同的专业群人才培养机制，通过“行校企”共建混合所有制“动漫职教集团（数字创意产业学院）”、与广西卡斯特动漫有限公司合作共建“动漫创新工场”、与广西动力文化传播有限公司等企业合作实施现代学徒制等途径，打造校企命运共同体，进一步深化数字文化产业专业群的项目教学人才培养模式改革，推行面向企业真实项目的任务式培养模式，深化双主体育人。

2. 建设内容与举措

（1）创新和构建“一体两翼，四方驱动”的政校行企协同的专业群人才培养机制。

“一体两翼，四方驱动”，即以立德树人为主体、升学与就业为“两翼”、“集团化办学、中高职衔接、民族文化传承创新、华文教育”四个方面为支撑，努力实现“办品牌专业，创职教名校”，以立德树人为根本目标，培养具备“三种精神”（专业精神、职业精神和工匠精神）和“四种能力”（认知能力、合作能力、创新能力、职业能力）的德技双馨高素质人才，实现人才共育、成果共享、多边互动、合作共赢的良好局面（如图7所示）。

一是通过集团化办学和现代学徒制试点工作，深化产教融合校企合作，创新人才培养模式，为企业培养较高素质的技术技能型人才。

二是通过与国家级示范性高职院校——南宁职业技术学院等多所院校合作，探索“中高职一体化办学直通车”，打通中高职衔接“断头路”，拓宽中职学生继续深造的通道。

三是发挥民族文化传承创新职业教育基地（动漫）的功能，将信息技术与民族文化传承有机结合，助推职业教育在民族文化传承中的积极作用。

四是发挥“国务院华文教育基地”功能，创作数字文化作品，服务华文教育，促进对

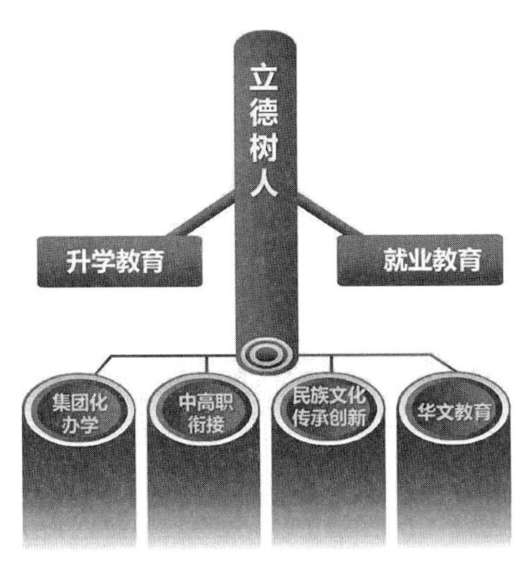

图 7　“一体两翼，四方驱动”的政校行企协同的动漫专业群人才培养机制示意图

外交流，借助广西扶贫创业致富带头人培训基地的平台，开展面向乡村振兴的技术技能培训，提升服务能力。

(2) 共建混合所有制“动漫职教集团和数字创意产业学院”，打造校企命运共同体。

在“一体两翼，四方驱动”的政校行企协同的专业群人才培养机制的指导下，与广西动漫协会、广西卡斯特动漫有限公司、南宁格美数字科技有限公司等企业合作，“行校企”共建混合所有制实体化运作的“动漫职教集团（数字创意产业学院）”，构建董事会领导、监事会监督、混合所有制行业职教集团理事长负责的“准法人”治理机制，制定《实体化运作混合所有制动漫职教集团章程》，创新运营管理、绩效分配、教师聘任、资产配置等产教融合体制机制，形成校企命运共同体（如图 8 所示）。

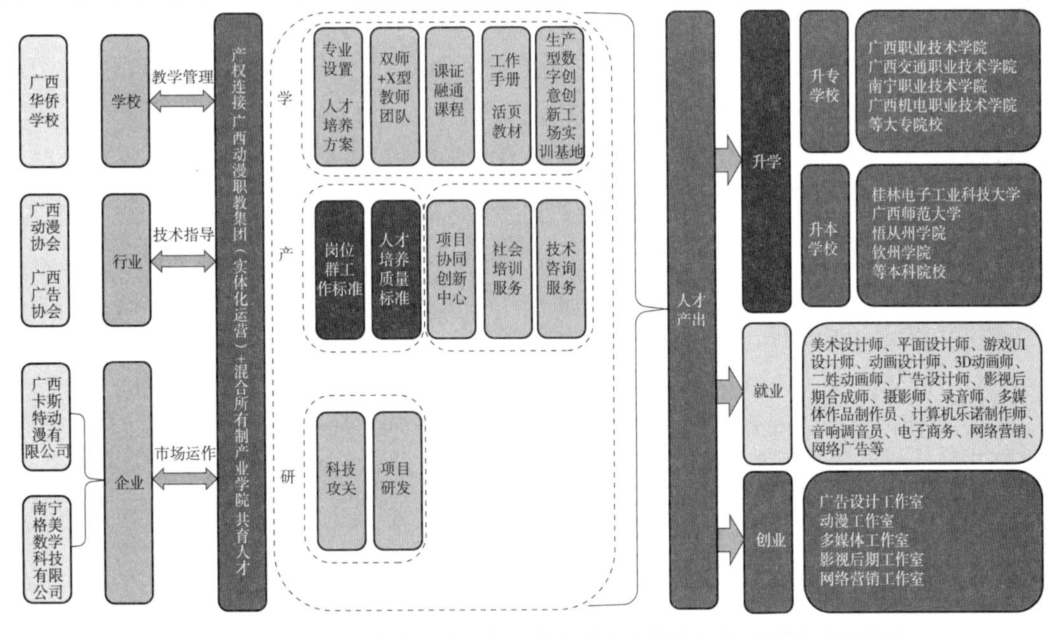

图 8　“职教集团实体化运作、混合所有制产业学院”示范新高地示意图

与广西卡斯特动漫有限公司、南宁格美数字科技有限公司等企业合作共建数字创意产业学院，由校企双方共同持股，委托共管，整合行校企三方资源，以资本为纽带，在人才培养、就业创业、队伍建设、职业培训、技术创新、文化传承、项目开发七个方面实现深度的产教融合。产业学院将建设一支高水平的教师团队，由广西华侨学校教师及广西卡斯特动漫有限公司等企业导师共同组成“双师型”师资队伍，共同完成专业建设、人才培养方案制订、教学实训、项目制作等。学院将探索产教融合的现代职业教育体系，坚持以广西数字文化产业及企业对人才的需求为向导，按照行业及企业标准打造专业建设及人才培养体系，将行业、企业的先进技术、设备、项目、理念等引入学院，以项目真学真练、生产过程融入课堂的方式培养服务广西数字文化产业发展的新兴技术型人才，学院将发展成为服务广西数字文化产业的技术创新人才供应基地。

动漫职教集团（产业学院）主要从以下方面开展建设：建设数字文化“双师型”队伍，推动工学结合“双师型”师资队伍不断壮大；建设基于实训项目应用的课程资源和数字文化应用型课程体系；建设基于企业真实生产环境的任务式数字文化项目协作能力训练中心；建设区域内行业企业技术人才的数字文化培训平台；搭建校企合作科研平台，建设区域内创新驱动科技成果转化平台；积极承担各类培训项目。

（3）与广西卡斯特动漫有限公司合作共建“动漫创新工场”。

与动漫公司在人才培养、技术创新、项目研发、社会服务、就业创业等方面深度合作，共建“动漫创新工场”，推行面向企业真实项目的任务式培养模式，共同开展动漫人才培养。动漫公司根据动漫项目需要，负责制定项目实施方案、项目运营等工作，专业群根据项目需求，组成教师和学生团队协助企业完成项目。

（4）与广西动力文化传播有限公司等企业合作实施“现代学徒制”。

依托专业群计算机平面设计和数字媒体技术应用专业开展现代学徒制试点，并在群内其他专业推广实行现代学徒制。成立由行业协会、广西华侨学校、广西动力文化传播有限公司等企业组成的现代学徒制校企联合委员会，申报自治区级现代学徒制试点项目并组织专业群开展项目建设。

通过建立招生招工一体化方案、制订实施现代学徒制人才培养方案、建立专职教师和兼职教师培养和管理机制，与广西动力文化传播有限公司等企业联合培养平面设计和数字媒体人才，校企合作开发专业课程体系，共同组建教学团队，共同建设技能大师工作室，推行面向企业真实项目的任务式培养模式，共同制定人才培养质量标准，推进评价制度改革，培育和传承工匠精神，深化校企双主体育人。

（5）开展嵌入式“1+X”证书制度试点，优化“德技双馨”人才培养机制。

一是集团内企业共同开展人才需求调研，以岗位能力培养为核心，按照学生认知规律和职业成长规律，优化由公共基础学习领域、专业基础学习领域、专业核心学习领域、“1+X”证书学习领域、专业拓展学习领域及实践学习领域、职业精神学习领域组成的，基于工作过程、符合职业活动过程导向的专业课程体系。同时将“核心素养”教育贯穿人才培养全过程，坚持“德技并修”，践行“三全育人”，校企共同研究将各个学习领域组合形成符合企业要求的“量身定做”的课程体系，实现人才培养供给侧和产业需求侧结构要素全方位融合。

二是实施“1+X”证书制度。面向在校学生，将各等级职业技能证书标准有机融入专业基础课、专业核心课、实训课程与专业实习，修订专业人才培养方案，更新课程标准，创新评价机制，实现以“学历证书”为标志的学历教育和以“职业技能等级证书”为标志的职业技能培训互认；面向社会人员、企业员工，通过整合现代学徒制集团内的优质资源，结合职业技能等级证书培训要求和行业企业职业岗位需求，积极开展初级、中级、高级职业技能培训，根据职业技能等级考核评价标准，统一大纲、统一命题、统一组织考试。

三是重点实施本专业群已获得试点的10个证书考核（如表1所示）。除本专业群学生外，积极主动承担社会培训，切实提高参训人员的就业创业能力，帮助其用好就业创业支持政策。

表1 广西华侨学校数字文化产业专业群“1+X”证书试点情况一览表

专业名称	“1+X”证书名称	批准人数	认证企业名称
计算机动漫与游戏制作	游戏美术设计职业技能等级证书（初级）	50	完美世界教育科技（北京）有限公司
建筑装饰	建筑工程识图职业技能等级证书（初级）	50	广州中望龙腾软件股份有限公司
数字媒体技术	数字媒体交互设计职业技能等级证书（初级）	50	凤凰新联合（北京）教育科技有限公司
计算机平面设计	界面设计职业技能等级证书（初级）	50	腾讯云计算（北京）有限责任公司
计算机网络技术	网络系统建设与运维职业技能等级证书（初级）	50	华为技术有限公司
	网络安全运维职业技能等级证书（初级）	50	华为技术有限公司
电子商务	网店运营推广职业技能等级证书（初级）	50	北京鸿科经纬科技有限公司
	网店运营推广职业技能等级证书（初级）	30	北京鸿科经纬科技有限公司
	跨境电商B2B数据运营职业技能等级证书（初级）	50	阿里巴巴（中国）教育科技有限公司
	跨境电商B2B数据运营职业技能等级证书（初级）	30	阿里巴巴（中国）教育科技有限公司

3. 预期效益

（1）建成“一体两翼，四方驱动”的政校行企协同的专业群人才培养机制。

该机制将人才培养与民族文化传承创新职业教育基地（动漫）的功能无缝对接，将信息技术与民族文化传承有机结合，同时充分发挥“国务院华文教育基地”功能，开展国际化合作，形成特色鲜明的人才培养模式。

人才培养质量显著提升，为广西和南宁的数字文化产业培养出一大批急需的高素质创新型复合型技术技能人才。专业群每年培养毕业生 500 人以上，毕业生获得 1~2 个职业技能等级证书的比例不低于 90%。

（2）成为数字文化产业人才培养的金字招牌。

形成运行管理机制成熟的校企命运共同体，建成现代学徒制实体化运作的动漫职教集团和数字创意产业学院以及动漫创新工场，成为拥有高水平教学创新团队、校企合作教学工场、专业群平台课程，培养复合型高素质数字文化产业创意技能人才的高水平专业群，形成引领中等职业教育专业群高质量建设发展的新模式。

（3）标志性成果。

1）建成国家“1+X”证书制度试点专业群 1 项。

2）承办自治区级及以上级别技能大赛 2 项。

3）学生在专业技能大赛获自治区级奖项 20 项、国家级奖项 2 项。

4）学生在创新创业大赛获自治区级奖项 2 项。

5）培育国家级产教融合企业 1 个。

（二）以“三教”改革为核心，融入“1+X”证书标准，重组专业群课程体系

1. 建设目标

校企共同研制数字文化产业人才培养方案和课程标准，将行业先进技术和行业规范融入教学标准和教学内容，建设开放共享的专业群课程教学资源库，通过开展“1+X”证书制度，为广西数字文化产业培养急需的复合型技术技能人才。

按照国家级教学资源库标准建成一个对接国际标准、体现数字文化产业最先进技术的高水平专业资源库，围绕数字文化产业需求侧，建成 1 门专业群共享平台课程和覆盖计算机动漫与游戏制作、计算机平面设计、计算机网络技术、建筑装饰（室内设计方向）、电子商务、数字媒体技术应用等产业领域的 6 门专业群核心课程，建成 1 门精品在线课程，开发 7 本数字文化产业新型教材，实现数字文化产业先进技术在课堂教学中的信息化应用。

2. 建设内容与举措

（1）构建“素养贯穿、课证融合、底层共享、中层分立、高层互选”的专业群课程体系。

通过对接国家职业教育教学标准体系和国际标准，推进教师、教材、教法“三教”改革，遵循技术技能人才成长规律，知识传授与技术技能培养并重，强化学生职业素养养成和专业技术积累，拓展将专业精神、职业精神和工匠精神融入教材内容的设计思路，围绕深化教学改革和“互联网+职业教育”发展需求，构建基础共通、模块组合的专业群课程体系，探索开发课程建设、教材编写、配套资源开发、信息技术应用统筹推进的新形态一体化教材，构建“素养贯穿、课证融合、底层共享、中层分立、高层互选”的专业群课程体系，完成专业群共享课程及各专业核心课程的开发（如图 9 所示）。

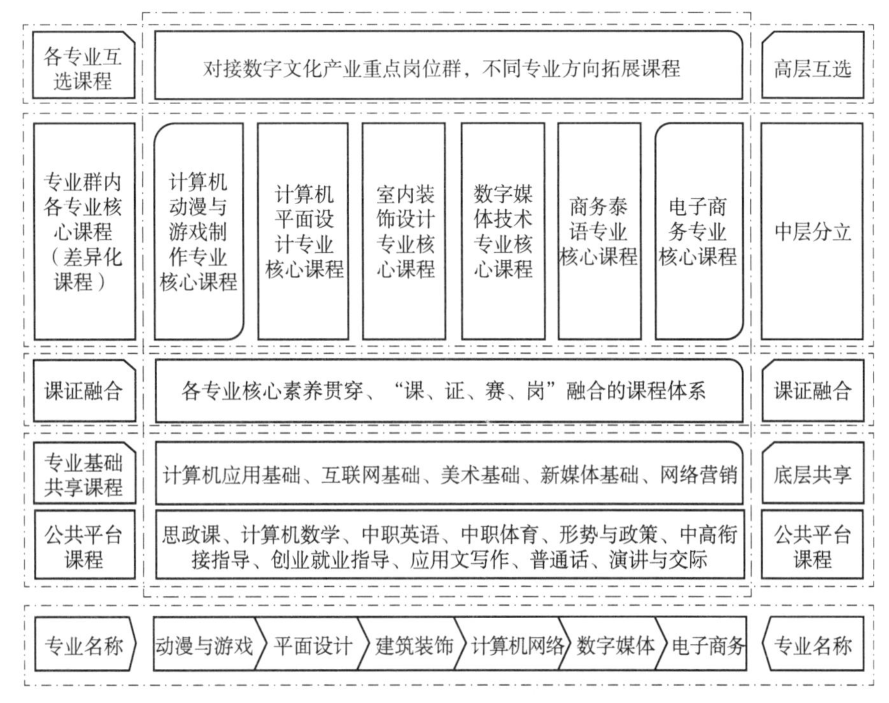

图 9 “素养贯穿、课证融合、底层共享、中层分立、高层互选”的专业群课程体系示意图

以“基础通用、模块组合、各具特色”的“信息化+”模块化的形式，注重群内相通或相近的专业基础课程和相关或相近的专业技术课程建设，共享公共课、差异核心课、突出技能课、衔接“1+X”证书标准。结合“专业+企业”的专业建设方式，以“项目引入—课程目标设定—案例教学—项目实现—总结提高”的方式构建螺旋推进式课程体系。

（2）以课程建设为统领，加快教材改革与创新，提高教研教改能力和效果。

按照更新教学内容、完善教学大纲、编写或开发教材的逻辑顺序进行。校企共同研制反映行业企业新技术、新工艺、新流程、新规范的课程教学内容和教学标准，校企合作编写和开发符合生产实际和行业最新趋势的教材。基础课和专业基础课教材，选用公开出版的教材；专业课和实践课教材，为及时更新内容，适应混合式教学、在线学习等泛在教学模式的需要，探索新型活页式、工作手册式教材，配套开发信息化资源、案例和教学项目，建立动态化、立体化的教材和教学资源体系，使专业教材能够跟随信息技术发展和产业升级情况，及时调整更新。

（3）将核心素养和各等级职业技能证书标准融入课程体系。

结合通过申报的国家级“1+X”证书制度试点，将核心素养和各等级职业技能证书标准融入课程体系，根据数字文化专业岗位群技能要求，确定教学内容、教学时数和教学方法，开展“1+X”证书培训与考核。完成一套专业群共享的“课证融合”的综合实训教材开发，建立一套“课证融合”教材开发的标准文档。

（4）推进项目化课程改革，编写专业群共享的工作页教材，并推广使用。

与相关行业企业一线管理和技术骨干共同进行职业分析，确定专业人才培养定位、职业能力及岗位技能标准，制订各专业人才培养方案；设计以能力培养为主导、以职业技能训练为核心、工学结合的课程体系，专业群共享公共课4门，每个专业确保至少1门与技能证书直接挂钩的专业核心课程，每门课程配套职业训练课件，并构建与之配套的教学资源库，编写专业特色教材，开展与之相对应的教研教改工作。

3. 预期效益

（1）成为本专业群融合“1+X”证书认证课程体系的推广示范基地。

形成基础共通、模块组合的融合“1+X”证书认证的专业群课程体系，建成对标国际标准、融合产业标准的高水平专业群资源库。建成6门专业群共享的通用技术平台课程，6门专业群关键技术核心课程和融合“1+X”证书的职业技能拓展课程，建成6种新型活页式的数字文化一体化教材。以6门重点课程建设及教学网站课程建设为基础，通过开展交流研讨、师资培训、推行远程教育等方式，将本专业的教学理念、课程体系、教学模式以及实训基地建设方案等进行资源共享、信息互通，帮助区内中职学校建设同类专业，共同促进数字文化产业专业群建设水平的提高。

（2）成为区域专业技能竞赛训练比赛基地。

经过三年建设，本专业群无论从硬件、软件还是课程体系方面，都适应成为各类技能竞赛的训练基地和比赛场地。

专业群建成之后，以数字文化产业专业群的建设成果为依托，立足南宁市，辐射全区，成为区域内数字文化产业专业技能竞赛基地，推进数字文化产业专业技能大赛水平的不断提高，从而建设更加完善的合格的技能竞赛训练比赛基地人才。

（3）标志性成果。

1）获得国家职业教育教学成果奖1项。

2）建成职业教育专业教学资源库1个。

3）建成精品在线开放课程1门。

4）建成规划教材1本。

5）面向东盟国家输出教学标准1项。

6）联合行业企业开发校企融合理实一体化课程6门。

7）建成广西首个“数字文化产业专业群教学资源库”。

（三）以广西中职名师为引领，建设数量充足质量优良的“双师多能型”教师队伍

1. 建设目标

培养或引进2名具有行业领军能力的大师级专业带头人、3名持有业内高端认证的专家级骨干教师，培养5个取得行业顶级认证的教师，培育自治区级教学名师1名，专任教师双师比例达到100%。

建立50人以上的专业群高水平兼职教师库，其中具备行业高端认证的专家级外聘教师10人以上。

组建名师、专业带头人、“教学能手+企业专家”组成的“专业基础、专业核心、专业拓展”课程三大类型教学创新团队6个，形成一套操作性强的可动态调整、可持续发展的教学创新团队管理运行机制。

2. 建设内容与举措

（1）组建“专业基础课程、专业核心课程、专业拓展课程”三大类型教学创新团队。

以广西中职名师为领衔，依托广西中职名师工作坊，建设动漫创新工场、技能大师工作室、数字文化产业研究中心，通过“项目引领，校企共育”，以打造新时代高素质“双师型”教师队伍为目标，按模块化课程教学要求，制定“教学+技术”的教学创新团队相关管理制度，组建由团队带头人、相近教学改革和教学研究方向的老中青教师、企业技术骨干组成的“专业基础课程、专业核心课程、专业拓展课程”三大类型教学创新团队。不同特点、不同专长团队成员在团队带头人的领导下各司其职，在校内或企业等不同场所协同开展教学任务，共同完成科研项目，形成一套操作性强的可动态调整、可持续发展的教学创新团队管理运行机制，为引领模块化课程教学、合作开展技术攻关提供强有力的人才队伍保障。

（2）为教师“赋能”，提升教师职业素养和实践能力。

教师是教学改革的主体，是“三教”改革的关键。围绕数字文化产业高质量人才培养、技术创新和技术服务要求，采取建机制、搭平台、进圈子、压担子的做法为教师“赋能”，注重培养一批教坛新秀、教学能手、专业带头人和名师，建成一个大师名匠引领的教学创新团队，建设一支数量充足质量优良的“双师多能型”教师队伍。

建机制，即通过建立教师职业成长阶梯和标准，建立导师引导、名师激励制度，完善技能导向与业绩导向的聘用、晋升和分配机制，鼓励教师参加职业技术师范教育、国内外专业培训和深入企业实践锻炼，提升教师职业素质，增强教师队伍活力。搭平台，即通过建立职教集团、大师工作室，校企合作建立研发机构等，为教师搭建研究应用理论、研发实用技术的产学研实践平台，提高教师研发和实践能力，锤炼职业精神。进圈子，即用政策和机制引导专业教师进“职教圈子”“行业圈子”“学术圈子”，使教师在“三个圈子”中磨炼成长为本专业的专家型人才。压担子，即把科研和为行业企业提供技术咨询、培训服务等列入考核指标，鼓励教师在为行业企业服务中提高职业能力。

（3）培养一批持有业内高端认证的专家级“三师型”骨干教师。

结合“1+X”证书制度试点申报，在培养高素质“双师”基础上，对专业骨干教师增加胜任“培训师”的能力要求，让教师既能在学校授课，又能攻关企业技术难题，还能在培训机构开展职业资格培训，探索按照“三师”素质要求完善职教教师的专业能力标准。

安排6~10名骨干教师参加职业技术师范教育、国内外专业培训和深入企业实践锻炼，提升教师职业素质，增强教师队伍活力。

开展相关教学活动和科研活动，建立校企合作研发机构2个，合作开展科研项目8项。

（4）建立一个高水平的企业兼职教师库。

重点面向新一代战略性新兴产业，设立兼职教师特聘岗位和技能大师工作室，聘请有丰富实践经验的行业专家、企业工程技术人员、高技能人才和能工巧匠担任兼职教师，建立50人以上的专业群兼职教师库，承担培训和项目研发任务。对接产业，实时更新、动态调整兼职教师资源库，支持兼职教师参与技能大师工作室建设、校内研修、产学研合作研究等。通过开展面向企业兼职教师的教学能力提升培训，提高其所参与的人才培养工作的质量。

3. 预期效益

（1）建成一个大师名匠引领的高水平教学创新团队。

通过建立动漫创新工场、技能大师工作室、数字文化产业研究中心等多种载体，打造一个大师名匠引领的高水平教学创新团队。培养或引进2名具有行业领军能力的大师级专业带头人、3名持有业内高端认证的专家级骨干教师，5个取得行业顶级认证的教师，培育自治区级教学名师1名，专任教师双师比例达到100%。建立50人以上的专业群高水平兼职教师库，其中具备行业高端认证的专家级外聘教师10人以上。

（2）标志性成果。

1）建成职业教育教师教学创新团队1个。

2）教师获国家级奖项2项。

3）教师主持自治区级课题（立项）6项，结题（验收）4项。

4）教师参加竞赛获自治区级奖项20项。

5）教师获得自治区级荣誉称号2项。

6）教师在国内中文期刊上发表文章10篇，在广西优秀期刊上发表文章5篇。

7）新增省部级以上名师工作坊1个。

（四）以产教学研做为宗旨，建设专业群特色实训基地

1. 建设目标

瞄准数字文化产业前沿，与产业链龙头企业共建“生产型数字创新工场”实训基地，新建4个产、学、研、创四位一体的校企协同创新实训基地，升级改造专业群原有的8个校内实训基地和10个校外实训基地，满足现代学徒制教学需要。

开展专业教学资源库建设，建成一个数字文化云课堂信息化教育平台。

2. 建设内容与举措

（1）建设校内“生产型数字创新工场”。

服务产业链，对接专业群，校企共建具有企业文化及职业氛围的、满足“产教学研做、多功能一体化”的“生产型数字创新工场”。

围绕数字文化创意产业新技术、新工艺，利用企业技术标准以及企业实际工作流程，结合实训教学内容，与国家级认证动漫企业共同制定实训方案及校内实训基地——“企业

版”数字创意工场建设标准，企业项目建设进度与课堂授课时间同步，使学生在项目流程的不同岗位上轮训，能够参与到项目建设的全过程，实现岗位育人、岗位成才目标。

（2）新建4个“产、学、研、创”四位一体的校企协同创新实训基地。

新建4个“产、学、研、创”四位一体的校企协同创新实训基地，分别是动漫创新工场、数字文化创业中心、新媒体技术创新中心、直播电商中心。通过校企共建生产性实训基地，对内开展技能鉴定和项目研发，对外承接培训和社会服务，提高师生教学和科研实战能力。实训中心对外通过对接企业的需求，面向区内职校教师开展培训班，面向企事业单位开展认证培训。

（3）建成10个校企共建校外实训基地。

依托央视动画、腾讯动漫、北京燕阳文化、国家级认证动漫企业、南宁峰值文化等区内外领军企业，重点对接中国—东盟信息港、南宁·中关村创新示范基地、南宁软件园，根据广西数字文化产业升级的需要，主动对接地方企业，为企业的技术升级提供技术咨询和解决方案，从而推动企业技术升级。按照培训项目与产业需求对接、培训内容与职业标准（评价规范）对接、培训过程与生产过程对接的要求，校企合作建设一批集实践教学、社会培训、真实生产和技术服务于一体的高水平就业创业实训基地，开展社会培训项目、校外实践见习和顶岗实习，促进学生高质量实习和就业。

（4）建成一个信息交流技术（ICT）教学平台。

开展专业教学资源库建设，建成一个“数字文化云课堂”信息交流技术教学平台。

基于互联网、云平台和大数据技术，借鉴最新职业教育理念，实现信息技术与教育教学的深度融合。制定和完善精品课程建设与教学资源库建设管理办法，引进和利用中职共享型教学资源库建设管理平台，开展校企合作、校校合作，不断丰富专业群共享型教学资源库建设。实现由关注教师资源建设向关注学生资源建设，由只读学习资源建设向互动学习资源建设，由传统静态资源向微课、慕课为主的视频资源建设，由专题资源建设向学教做一体化资源建设，由资源分布式存储向统一集中云存储等转变，建设共享型专业群教学数字化资源库，服务职业教育快速发展，全面提升教学效率。

教学资源库建设包括专业人才培养方案、课程标准、应用技术研究成果、实际生产教学案例、多媒体课件、精品课程、校内外实训基地训练项目、电子教案、网络课程、试题库等内容的共享教学资源库。

3. 预期效益

（1）建成广西中职首个“生产型数字创新工场”实训基地。

与广西卡斯特动漫有限公司、南宁格美数字科技有限公司合作建成广西中职首个“生产型数字创新工场”实训基地，满足专业群的项目化实践教学和“1+X”证书的职业技能等级培训和鉴定的需求，承担为企业开展技术开发和人员培训的工作。开展企业真实项目动画片《小恐绒》《宝贝去哪》的制作以及文创衍生产品的创意、设计、生产和运营。

（2）成为区域专业技能竞赛训练比赛基地。

经过三年建设，本专业群无论从硬件、软件、还是课程体系方面，都适应成为各类技能竞赛的训练基地和比赛场地。

专业群建成之后，以数字文化产业专业群的建设成果为依托，立足南宁市，辐射全区，成为区域内数字文化产业专业技能竞赛基地，推进数字文化产业专业技能大赛水平的不断提高，从而建设更加完善的合格的技能竞赛训练比赛基地人才。

（3）标志性成果。

1）获得自治区级实习实训示范基地1个。

2）承办自治区级及以上级别技能大赛2项。

3）建成职业教育专业教学资源库1个。

（五）以推进教法改革为抓手，创新校内课堂、网上课堂和企业课堂“三个课堂”的教学模式

1. 建设目标

创新推行校内课堂、网上课堂和企业课堂“三个课堂”教学模式，推进教法改革。推行面向企业真实生产环境的任务式教学模式，进行教学设计和学习情境构建，确定工学结合的教学实施途径，融“教学做”于一体，在教学中广泛采用项目教学法、情景式教学、案例教学法、模拟训练法等方法，深化校企联合培养，强化学生核心素养和综合能力的培养。校内课堂教授基本理论、完成项目教学、教师答疑解惑；网上课堂传授基本知识、促进拓展学习；企业课堂完成综合技能训练，提升实践能力。通过升级网上课堂，搭建智慧学习平台，实现“三个课堂”实时连接、资源共享、相互促进，建立师生互动、企业深度参与的“以学习者为中心”的职业教育课堂教学模式。

2. 建设内容与举措

（1）建设专业群教学管理委员，制定一整套教学管理组织和制度。

遵循中等职业教育教学管理的规律，坚持贯彻党和国家教育方针，坚持与时俱进和改革创新，坚持科学管理原则，坚持理论与实践相结合，充分考虑学校的管理现状和专业群建设实际的需要，着重从教学文件管理、教务常规管理、教学过程管理、教学质量管理、教学行政管理、教学人员管理、教学基本建设及教育教学研究等几个方面制定一整套教学管理组织和制度。

（2）规范开展、实施专业群实习工作。

与20家企业开展校企合作，共同建立健全学生实习管理制度，实施有报酬的对口顶岗实习计划并购买学生责任险。

（3）在校内课堂大力推进“课堂革命”。

根据数字文化产业类专业特点，在校内课堂开发“上班式课程”，让学生以“职业人”的身份在品牌企业工作环境中自主工作、独立学习、共同研讨，把岗位需要的基础知

识与工作任务的知识体系结合起来，在完成工作任务和解决工作难题过程中，获得分析和解决问题的能力，锻炼在职业化情境中进行沟通与合作的能力。

（4）大力开发网络课堂，建设智慧学习环境。

以移动互联网、物联网、云计算等为载体，构建课程资源丰富、内容适时更新、专业特色明显、学习管理便捷、对外开放共享的智慧学习技术体系和学习平台，平台承载移动学习、校内课堂、企业课堂等创新性的课堂教学模式，支持教学过程与生产过程实时互动的远程教学的实施，为每个学生构建“虚拟学习空间”，满足学生随时随地学习、沟通、答疑、解惑等各种需要。

（5）建立企业课堂，创新实践教学。

一是推进引企入校，把企业搬进校园。与广西卡斯特动漫有限公司、广西动力文化传播有限公司以及南宁格美数字科技有限公司合作，开设“数字文化实战特训营”，引入实战项目动漫课程，转换教学场景，校企双师授课，教师变师傅，构建职业化氛围。

二是借鉴德国“双元制”职业教育的经验，在现代学徒制试点企业和校企深度合作企业，建设实体企业课堂，聘请企业教师，开展现代学徒制培养，满足跟岗实训、“2+1”工学交替培养和顶岗实习的需要。

三是与行业领军广西卡斯特动漫有限公司合作建立“动漫创新工场”，在订单培养、实习实训、就业创业、技术研发、咨询培训、教师下企业以及校企人才交流等方面开展全方位合作。校企开展“五双育人”改革，即双主体育人（学校+企业）、双导师指导（教师+师傅）、双课堂教学（校内课堂+企业课堂）、双身份学习（学生+学徒）、双评价（学历证书+专业技能证书），构建与动漫公司业务经营周期相适应的校内课堂与企业课程交替教学模式。

（6）以问题为导向，加强教学诊改工作，建设“115679”教学质量监督管理体系。

借鉴区内外先进教育理念及质量标准，引入全面质量管理理念，按照学校人才培养质量保障体系的规范和要求，建立面向专业群的教学质量管理与保障体系，对教学决策、教学运行、质量监控、评估与反馈等内容，构建“人人参与、处处覆盖、实时监控”的质量机制，打造五纵五横的目标链、标准链。建立专业质量、师资质量和学生全面发展质量保障机制，实现持续改进提高。

打造五纵五横的目标链、标准链，并借助信息技术实现源头数据即时采集、过程实时监测预警与分析，全面实施“学校、专业、课程、教师、学生”五个层面的“8字形质量改进螺旋”运行机制。实施基于课堂教学大数据的课堂教学实时、课程教学学期、专业教学年度自我诊改机制。建立以利益相关方结果评价为导向的专业动态调整机制，不断优化专业结构，提高专业结构对产业结构的契合度。

以建立健全规章制度为先导，以日常教学检查与专项评估为契机，以教学督导、学生教学信息员及用人单位为依托，以人才培养的实现为目标，专业群和校企合作企业“两个监控主体”共同参与，围绕人才培养方案的制订，突出职业能力培养，加强实训基地建设，强化校企联合督导、共同育人。加强细节管理和全程管理，为提升教学管理水平与效率、加强教学质量监控与管理工作，建设由“一个专业群建设委员会、一套制度、五级监控、六位一体、七种方式、九项内容”组成的专业群建设和教学质量监控体系“115679”教学质量监督管理体系，构建成果导向（OBE）的常态化监测机制。依托大数据、云计算和移动互联等新一代信息化手段，全面全程监控专业群建设和教学质量，对教师、教材、教法以及学业评价、毕业生就业等数据进行分析，形成可视化的数据分析结果，衡量教育教学的有效性，不断优化和完善培养目标和培养过程，加大反馈和调控力度，不断改进教学工作，推动学校教学质量的持续改进。

“一个专业群建设委员会”即由行业专家、企业专家和学校共同组成的专业群建设、监督委员会。

“一套制度”即根据学校教务科的相关教学文件和制度，结合专业群校企合作办学过程中的实际情况，制定一套教学质量管理制度和各教学环节的质量标准（规范）。如《专业群教学督导制度》《专业群教师教育质量考核指标》《专业群教学组织管理工作条例》《专业群教学工作条例》《专业群教学工作和教学质量投诉制度》等。教学质量管理制度和质量标准文件的制定为规范教学管理、提高教学质量奠定了基础，为开展教学质量监控提供了依据。

“五级监控”即建立五级监控系统：由“教务科→教学督导小组、信息科、专业指导委员会→教研室→专业负责人→教师和学生”构成五级教学质量监控系统，并明确五级监控系统的各自职责。

“六位一体”即建立由教务科、教学管理部门（教学督导领导小组、教研室、专业负责人）、招生培训外协部、教师、学生、校企合作单位共同参与的六位一体的教学质量信息反馈系统。

“七种方式”即实施七种监控方式：采用职业岗位能力达标测评、教学测评、信息反馈、会议会诊、管理纠偏、奖惩处理、质量跟踪七种方式（办法）进行全面的教学质量监控。

“九项内容”即重点监控九项内容：重点监控学生学习效果、教师课堂教学情况、人才培养方案（专业教学计划）的质量、教师工作规范的执行情况、教学管理工作规程的执行情况、教学管理制度的执行情况、毕业生质量、课程标准、授课计划的编制与实施情况。

3. 预期效益

（1）校内课堂、网上课堂和企业课堂“三个课堂”教学模式落地。

以真实项目《小恐绒》《宝贝去哪》贯穿人才培养全过程，实施校内课堂、网上课堂和企业课堂“三个课堂”教学模式，在教学中广泛采用项目教学法、情景式教学、案例教学法、模拟训练法等方法，深化校企联合培养，强化学生核心素养和综合能力的培养。

（2）完成实训教学制度化建设。

依据数字文化产业的特点，校企共同制定认识实习、跟岗实习和顶岗实习教学管理制度；建立促进学生发展、科学多元的评价方式，制定教学评价制度。

（3）建成全覆盖、网络化的“五纵五横一平台”的“115679”内部质量保证体系。

从学校、专业、课程、教师、学生五个层面，按照决策指挥、资源建设、支持服务、质量生成、监督控制等五个系统，以校本数据平台为依托，建立全覆盖、网络化的“五纵五横一平台”的“115679”内部质量保证体系。

（4）标志性成果。

1）获得国家职业教育教学成果奖1项。

2）获得自治区级教学成果2项。

（六）以提升服务能力为重点，校企共建数字文化技能人才培训基地

1. 建设目标

强化招生工作，提高全日制招生完成率；积极承办学生技能大赛，提高参赛学生获奖率；申报“1+X”证书制度试点，提高学生获取所学专业国家资格认定体系内职业资格证书的比例；与行业企业深度合作，培养专兼职创业导师，在课程中设置创新创业教育模块，建设学生创新创业实践基地，提高学生就业率和创业成功率；充分利用学校教育资源，积极开展培训、生产、咨询和技术服务，提高行业培训的社会效益和经济效益；对本区域其他学校开放专业资源，接受来访、观摩、参观，发挥示范引领和辐射作用；积极面向农业、农村、农民开展培训和服务，巩固脱贫攻坚成果；发挥“侨校”优势，积极走出去，与东盟国家合作开展国际化办学。

2. 建设内容与举措

（1）对专业群重新策划包装，提升全日制招生吸引力。

根据品牌专业建建设规划，重新定位，创意策划专业群招生宣传方案，统一口径开展宣传，做到网络新媒体与传统渠道覆盖，提高招生完成率，确保办学规模。

（2）积极主动申办各类大赛，提高学生参赛获奖率。

关注每年各项赛事动态，申报承办市厅级以上比赛，组织师生提前做好参赛项目策划和实训，模拟比赛场景开展仿真训练，以提高学生参赛获奖率。

（3）建设协同创新平台，助力区域企业技术研发和项目创新。

深化与广西卡斯特动漫有限公司、广西动力文化传播有限公司、南宁格美数字科技有限公司等龙头企业共建共享数字创意研发科技服务协同创新平台，加强动漫游戏、数字创意、平面设计、新媒体应用等新产品开发和技术成果的推广，促进创新成果与核心技术产业化，推动中小微企业的技术研发和项目创新。

校企共建数字文化技术技能人才培养培训基地，通过国务院华文教育基地、伴随合作企业产品“走进东盟”，促进对外文化交流服务；通过广西扶贫创业致富带头人培训基地，面向区域经济、产业转型和乡村振兴开展“项目合作、人才培训、技术服务、职业培训”等项目，提升专业群服务社会的能力。

牢固确立服务需求导向，以发展网络数字文化产业为核心，以推动对外文化交流为突破口，通过整合广西动漫职教集团、广西动漫协会的资源，校企合作共建数字文化技能人才培养培训基地。学校作为开展海外华文教育的基地，将数字文化与华文教育紧密对接，探索汉语与中华文化国际传播的新途径，通过“一带一路”建设进一步创新华文教育方式，推动华文教育发展，促进对外文化交流服务。学校作为广西扶贫创业致富带头人培训基地，面向区域经济、产业转型和乡村振兴，开展“项目合作、人才培训、技术服务、职业培训”等项目，推进专业群“1+X”证书制度试点工作，每年开展各级各类培训 300 人次以上，提升专业群服务社会的能力。

3. 预期效益

（1）成为服务发展的知名品牌。

对接数字文化产业的高质量发展，建成数字文化产业专业群创意技能创新服务平台，孵化一批标志性的应用技术成果，成为向广西数字文化产业和“一带一路”共建国家数字文化产业提供人才支撑和智力保障的中坚力量。

（2）成为国际合作的职教名片。

新建 1 个中国—东盟数字文化产业国际交流合作中心和 1 个海外数字文化产业人才培训基地，形成“1 中心+1 基地”面向东盟 10 国的国际交流合作格局，成为输出数字文化技术和职业教育标准的重要基地。

（3）服务高端的社会服务能力进一步提升，引领区域技术升级的能力不断增强。

1）全日制招生完成率达到 100%。

2）每年申报承办市厅级以上比赛 1 项，提高学生参赛获奖率，获得自治区一等奖及以上奖项。

3）加入 1~2 门创新创业课程或培训讲座，与南宁格美数字科技有限公司设计创新创业学习课程；建设学生创新创业实践基地 1 个；培养 1~3 名专兼职创业导师；举办 3 次创新创业大赛，扶持创业项目不少于 2 项；学生升学率达到 85%以上，就业与创业率达到 15%左右，培育创业典型 1 个。

4）组织开展职业资格证书（专项能力证书）鉴定工作，申报国家“1+X”证书制度试点，推进“1+X”证书鉴定，获取率达 80%以上。

5）开展师资、企业员工、社区、农业、农村、农民各类培训 100 人次以上；为广西卡斯特动漫有限公司学龄前儿童动漫 IP《小恐绒》《宝贝去哪》提供服务，技术服务创收 10 万元以上。

6）专业群资源对本区域其他学校开放，接受来访、观摩，参观 5 次以上。

7）与东盟国家合办数字文化产业研修班或专业，培育对接东盟文化产业高端人才，建成东盟国家培训基地与研发基地。

8）获得软件著作权 5 项。

9）校企协同开发完成不少于 10 个项目。

（七）标志性成果

1. 预期标志性成果

（1）建成“1+X”证书制度试点专业群 1 项。

（2）获得职业教育教学成果奖 1 项。

（3）建成职业教育专业教学资源库 1 个。

（4）建成精品在线开放课程 1 门；

（5）建成规划教材 1 本。

（6）建成职业教育教师教学创新团队 1 个。

（7）学生获国家级奖项 2 项，教师获国家级奖项 2 项。

（8）获得专利 5 项。

（9）获得软件著作权 5 项。

（10）培育产教融合企业 1 个。

（11）面向东盟国家输出教学标准 1 项。

2. 标志性成果列表（如表 2 所示）

表 2　标志性成果

成果名称	成果内涵及量化指标
教师发展成果	1. 教师主持自治区级课题（立项）6 项，结题（验收）4 项。 2. 教师参加竞赛获得国家级奖项 2 项、自治区级奖项 20 项。 3. 教师获得的自治区级荣誉称号 2 项。 4. 获得专利 5 项。 5. 教师在国内中文期刊上发表文章 10 篇，在广西优秀期刊上发表文章 5 篇。 6. 新增省部级以上名师工作坊 1 个
教学改革成果	1. 自治区教学成果 1 项。 2. 国家级教学成果 1 项
学生培养成果	1. 承办自治区级及以上级别技能大赛 2 项。 2. 学生在专业技能大赛获自治区级奖项 20 项、国家级奖项 2 项。 3. 学生在创新创业大赛获自治区级奖项 2 项
社会服务成果	1. 开发 1 项新技术并得到推广应用，获得市县以下政府部门认定或者规模型企业认可。 2. 开展社会培训不少于 300 人次。 3. 参与企业项目，提供技术服务不少于 5 项。 4. 社会技术服务创收 10 万元以上。

续表

成果名称	成果内涵及量化指标
特色办学成果	1. 获评自治区级重点（特色）建设专业1个。 2. 获得自治区级实习实训示范基地1个。 3. 办学成果获得地市级权威媒体专题正面报道30篇，获得省部级权威媒体专题报道10篇，获得国家级权威媒体报道3篇。 4. 专业团队成员在自治区级做专业建设报告和经验分享5次。 5. 签订国际交流项目协议3个有实质性开展教学项目1个。 6. 联合行业企业开发校企融合理实一体化课程5门。 7. 建成广西首个“数字文化产业专业群教学资源库”

（八）主要示范性作用

1. 专业群建设指导委员会的组织建设、机制建设和作用发挥三个方面的创新与突破

专业设置论证，专业群建设指导委员会是关键。因此，要加强专业群建设指导委员会建设，并通过委员会的建设和作用发挥，促进品牌专业群的健康发展。

（1）专业群建设指导委员会组织建设是基础。

专业群建设指导委员会是专业群建设和发展的智囊团与指导机构，其宗旨是应用先进的专业群建设理念，集中专家的智慧和经验，促进专业群建设。因此，组建一个能切实履行职责、对专业群建设真正起到指导作用的专业群建设指导委员会机构，是专业群建设指导委员会开展工作的基础和前提。

一是专业群建设指导委员会委员要经过严格遴选。聘请的委员必须是本专业对口的产业内龙头企业的相关管理人员、专业技术人员，行业协会的知名专家，以及在科研院校相同专业领域有一定成就和影响力的教学经验丰富、教学研究深入的学者教授。同时，专业群建设指导委员会委员应热心中职教育的专业建设，具有认真负责的工作态度。

二是专业群建设指导委员会委员要紧跟产业结构优化升级的要求，根据专业群建设的要求，实时调整专家委员的人员构成，优化专业群建设指导委员会的组织结构。

（2）专业群建设指导委员会机制建设是保障。

在具体的工作实践中，专业群建设指导委员会机制建设包括两个方面。一方面是体制建设，主要是组织职能和岗位责权的调整与配置。专业群建设指导委员会，负责组织专业建设、改革发展的战略研究，提出人才培养目标、人才培养模式，以及专业设置调整的建议、意见和发展规划；为制订和修改专业群教学计划和标准、编制专业群主干课程教学标准和实践课教学标准、调整课程结构提供指导性意见、建议；指导、协助校内外实验实训基地建设，积极提供校外实习场所及推荐高级技术人员到学校讲课，积极开展本专业群科技信息方面的讲座，指导、协调产学结合与校企合作；为毕业生提供就业信息及就业指导；研究各专业人才培养中出现的重大问题，并探讨解决方案。

另一方面是制度建设。着重建立健全相关制度，保证专业群建设指导委员会的高效运作。一是制定《专业群建设指导委员会章程》，明确专业群建设指导委员会的职责与权利，确定专业群建设指导委员会的工作程序；二是明确工作制度，如专业群建设指导委员会会议召集制度、专业群建设指导委员会与校外委员定期联系制度、专业群建设指导委员会工作计划制订与实施制度等；三是出台激励政策，落实专业群建设指导委员会委员的待遇，更好地调动委员参与专业群建设的工作积极性。

（3）专业建设指导委员会作用发挥是关键。

专业群建设指导委员会必须全程参与专业群建设。虽然专业群建设指导委员会的作用主要是针对专业建设的，但其工作往往涉及学校、企业及社会的各个方面，涉及学校的社会声誉和形象，关系到学校的就业和招生两个关键的出入口，决定着学校的教育质量。因此，我们不能将专业群建设指导委员会作为一个虚设机构看待，也不能只为满足中职教育评估而建立，不能仅作为一个面子工程，而应该真正将专业群建设指导委员会作为校企合作的桥梁和纽带。

专业群建设指导委员会要能正常运转，充分发挥其在专业群建设中的独特作用，主要从以下几个方面加强：

第一，学校领导必须充分重视。必须从专业群建设指导委员会设立时关注、重视，并对建成后的管理、监督、考核和激励机制持续关注，保证落实到位。

第二，要形成有效的工作机制。不能形成有效的工作机制势必会影响专业群建设指导委员会的工作开展及效果，专业群建设指导委员会的工作往往会陷入虎头蛇尾或混乱的状态。要让委员会的工作落到实处，必须明确每个委员会成员的工作任务、职责，各成员之间要有科学的分工与合作。同时，要进一步明确学校与委员会成员双方的权利与义务，使大家都能够带着一种责任和规范的约束全程参与到专业建设的每一个环节之中。

第三，要充分调动和发挥企业、社会委员的作用。专业群建设指导委员会成员除了少量的校内专业带头人或者相关专业教师，更多的成员是校外的一些企业、社会专家。他们在人事上不受学校约束，要让他们能热心参与专业群建设指导委员会工作，使他们经常参与到学校的教育教学活动当中来，主要从两个方面调动和发挥他们的作用：一是注重和他们加强感情联系，如经常邀请他们来校讲课、做报告和座谈、参与听课和评课、指导学生实践、推荐学生就业、资助办学、共同举办活动等；二是学校向专业群建设指导委员会委员所在企业单位提供技术和服务支持，为企业和社会开展岗位培训，实现校企双赢。

2. 聚焦“五个对接”，剖析“四大问题”，落实“三大策略”，创新人才培养理论与实践

数字文化产业专业群通过聚焦“五个对接”、剖析“四大问题”，落实“三大策略”，着力解决职业教育发展中的热点问题，实现数字文化产业人才培养的理论和实践创新。

（1）聚焦“五个对接”，即聚焦“专业与产业、职业岗位对接”“专业课程内容与职业标准对接”“教学过程与生产过程对接”“学历证书与职业资格证书对接”“职业教育与终身学习对接”。

（2）剖析“四大问题”，即剖析“学生就业前岗位认知与企业实际岗位一致性问题”“学生具备的专业能力与企业岗位能力要求一致性问题”“学生创新创业能力与适应社会需求的一致性问题”“信息交流技术教学平台、教学环境与行业岗位工作环境的一致性问题”。

（3）落实“三大策略”，即通过深化“校企合作，双主体育人”，落实以工作过程知识大赛为载体的职业认知策略、以“工作室实战教学”为载体的职业训练策略和以“毕业设计展”为载体的职业检验策略。

3. 基于实体化运营的“广西动漫职教集团有限公司”和混合所有制的“数字创意产业学院”的数字文化产业人才培养模式

（1）组建模式。

1）组建混合所有制实体化运作的“广西动漫职教集团有限公司”，实现集团化办学。新组建的混合所有制实体化运作的广西动漫职教集团有限公司，是在自治区示范性职教集团广西计算机动漫与游戏职业教育集团基础上改制创建的。新体制的广西动漫职教集团有限公司由核心成员和联盟成员两个圈层构建，其中，核心圈层为持股股东，联盟圈层为战略性合作成员。

2）混合所有制实体化运作的“数字创意产业学院”，创新中职教育产教融合对接模式

新组建的混合所有制实体化运作的数字创意产业学院，由广西华侨学校和参与企业共同组建，全部为股东，没有外围战略性合作成员。

（2）基于职教集团和产业学院的数字文化产业人才培养模式。

广西数字文化产业链企业普遍面临技术人员缺乏、开发成本高、人才储备等问题，通过构建基于职教集团和产业学院的数字文化产业人才培养模式，建立校内协同创新实训中心或工作室，与企业开展基于项目的深入合作，既降低了企业的开发成本，又为企业培养了储备人才，同时实现了教学过程与生产过程对接，给学生和教师提供了更多的企业实践机会，从而实现校企双赢，促进数字文化产业链企业更直接地参与到职业学校人才培养活动中，提升了企业参与的积极性。

1）基于协同创新实训中心的数字文化产业专业人才培养模式。

为了使学生尽早接触职业岗位和工作任务，提高实践动手能力，广西华侨学校数字文化产业专业群依托广西卡斯特动漫有限公司、广西动力文化传播有限公司和南宁格美数字科技有限公司等合作企业，新建 4 个产、学、研、创四位一体的校企协同创新实训基地，分别是动漫创新工场、数字文化创业中心、新媒体技术创新中心、直播电商中心。依托协

同创新实训中心搭建校企合作平台，由学校提供独立的工作场地，引入企业的工作过程、职场环境、管理方式、行业标准和企业文化，建立“导师制”“双师制”“学生准入制”“项目管理制”“课程免修制度”等管理工作制度。聘请企业的技术专家与校内“双师型”教师共同担任协同创新实训中心团队指导教师，通过带领协同创新实训中心团队承接企业真实项目以及校企合作开展创新创业产品孵化，把实际项目和创新创业实践活动融入专业教学中，实现数字文化产业的专业创新型人才培养目标。

2）构建适应协同创新实训中心教育教学、贯穿创新创业教育的课程体系。

重新构建了数字文化产业专业群的课程体系，把创新创业教育贯穿人才培养全过程。首先，推进创业基础课程改革，制定可行的课程实施方案，设置创业基础课程贯穿人才培养的全过程，邀请企业专家或者创业者给学生开设讲座，从理论和方法上给学生以创新创业方面的实践。其次，以协同创新实训中心为载体全面实施创新研发与应用课程，学生在2~5学期内，依托协同创新实训中心参与完成一个真实项目的设计制作研发，并达到商业应用的标准。依托协同创新实训中心，构建“必修课与选修课相结合、课内教学与课外实践相融合、线上学习与线下面授指导相补充”的创新创业教育课程体系。最后，推进毕业设计课程改革，改革传统的毕业设计课程“闭门造车”的做法，将学生的毕业设计作品和企业的需求联系在一起，充分发挥学生的创造性思维，使学生的毕业设计成果充分体现创新应用，以毕业设计作品展或产品发布会的形式面向企业、社会推荐学生的创新成果，鼓励学生创新创业、提高学生的就业质量。

4. 借“侨”搭“桥”，开展国际合作

依托广西华侨学校是国务院华文教育基地的独特优势资源，借“侨”搭“桥”，以“侨”引“侨”，新建1个中国—东盟数字文化产业国际交流合作中心和1个海外数字文化产业人才培训基地，形成“1中心+1基地”面向东盟10国的国际交流合作格局，成为输出数字文化技术和职业教育标准的重要基地；与东盟国家合办数字文化产业研修班或专业，培育对接东盟文化产业高端人才，建成东盟国家培训基地与研发基地。

5. 以项目为载体，打造专业群服务品牌

对接数字文化产业的高质量发展，建成数字文化产业专业群创意技能创新服务平台，孵化一批标志性的应用技术成果，成为向广西数字文化产业和“一带一路”沿线国家数字文化产业提供人才支撑和智力保障的中坚力量。

（1）依托“动漫职教集团”和“数字创意产业学院”向社会提供培训服务，成为广西数字文化产业类师资、认证培训基地。

（2）依托“动漫职教集团”和“数字创意产业学院”与中高职院校、行业龙头企业合作进行项目研发、项目孵化，成为广西数字文化产业协同创新高地。

（3）依托“动漫职教集团”和“数字创意产业学院”为行业企业提供技术服务，为学校内容文创项目和校园文化建设提供服务，开创校内项目校企合作消化的新模式，实现社会效益和经济效益双丰收。

六、建设进度及考核要点（如表 3 所示）

表 3　分年度建设计划

一级指标	二级指标	三级指标	2019 年自评分	2020 年主要建设内容	2020 年目标分	2021 年主要建设内容	2021 年目标分	2022 年主要建设内容	2022 年目标分	备注
1. 专业（群）定位与发展（30 分）	1-1 专业定位	1-1-1 专业论证与岗位分析	6	【工作要点】 建设由专业负责人、骨干教师和行业企业专家组成的数字文化产业专业群建设指导委员会；调研广西数字文化产业重点岗位群人才对接需求并形成报告；开展专业群毕业生与产业岗位群对接情况跟踪调查并形成报告；修订专业群对接的重点岗位群能力分析报告，指导专业群课程体系建设。 【考核要点】 1. 专业群建设指导委员会建设材料。 2. 专业群调研报告：专业设置调研、论证材料。 3. 关于行业产业专业发展的评价报告。 4. 专业群对接的岗位群能力分析报告及调研过程资料	6	【工作要点】 在专业建设指导委员会的指导下，按照“政校企协联动融合，工学结合七个共同”的创新育人模式，完善专业群专业课程体系和岗位能力培养方向的动态调整；调研东盟国家数字文化产业人才需求并形成报告，充分论证与东盟合作学校和企业合作办学的可行性，根据东盟数字文化产业岗位需求设置课程体系和教学模式。 【考核要点】 1. 专业群建设指导委员会工作材料。 2. 专业动态调整报告。 3. 专业群对接的岗位群能力分析报告。 4. 与东盟合作的可行性方案和相关协议及过程材料	6	【工作要点】 动态调整编撰基于数字文化产业的专业群发展报告；完善专业群岗位能力分析报告并制定专业群岗位能力标准。 【考核要点】 1. 关于数字文化产业的专业群发展报告。 2. 专业群岗位能力分析报告。 3. 专业群岗位能力标准方案	6	

续表

一级指标	二级指标	三级指标	2019年自评分	2020年主要建设内容	2020年目标分	2021年主要建设内容	2021年目标分	2022年主要建设内容	2022年目标分	备注
1. 专业（群）定位与发展（30分）	1-2 专业发展	1-2-1 专业建设与改革发展	8	【工作要点】 构建“一体两翼、四方驱动”的政校行企协同的数字文化产业专业群人才培养机制，以计算机动漫与游戏制作专业为核心，建成由计算机动漫与游戏制作、计算机平面设计、建筑装饰（室内设计方向）、数字媒体技术应用、计算机网络技术、电子商务等6个专业组成的数字文化产业专业群，针对职业岗位（群）的变化，重点建设6个专业（技能）方向；建立专业群内专业动态评价与调整机制。 【考核要点】 1. 专业群（6个专业+6个专业技能方向）组群设置说明材料。 2. 专业群动态调整实施报告或发展评价报告。 3. 专业群专业组成情况说明。 4. 专业群招生情况汇总表	8	【工作要点】 在“一体两翼、四方驱动”的政校行企协同的数字文化产业专业群人才培养机制和专业群内专业动态评价与调整机制的指导下，夯实教师团队、课程体系、实训基地和产业学院四大基础，把数字文化产业专业群发展成为“数字文化+民族文化”“数字文化+东盟文化”，辐射西部，引领全国的首个中职外向型国际化数字文化产业专业群。 【考核要点】 1. 专业群（6个专业+6个专业技能方向）建设过程材料。 2. 专业群动态调整实施报告或发展评价报告。 3. 专业群专业组成情况说明。 4. 专业群招生情况汇总表	8	【工作要点】 对专业建设与改革发展工作进行总结，提炼模式，示范推广。 【考核要点】 1. 专业群（6个专业+6个专业技能方向）建设总结材料。 2. 专业群动态调整实施报告或发展评价报告。 3. 专业群专业组成情况说明。 4. 专业群招生情况汇总表	8	

续表

一级指标	二级指标	三级指标	2019年自评分	2020年主要建设内容	2020年目标分	2021年主要建设内容	2021年目标分	2022年主要建设内容	2022年目标分	备注
1. 专业（群）定位与发展（30分）	1-3 人才培养	1-3-1 目标定位与能力结构	4	【工作要点】 以“中高职衔接”升学为主、“创业就业”为辅制定人才培养目标，按照中升专升本、创业就业的能力结构制订人才培养方案；根据产业结构调整滚动修订人才培养方案；制定毕业生质量标准；制定管理和考核制度保障人才培养方案有效执行。 【考核要点】 1. 人才培养方案及滚动修订人才培养方案的过程性资料。 2. 对人才培养方案的评价性材料。 3. 毕业生质量标准相关文件。 4. 保障人才培养方案有效执行的规章制度	4	【工作要点】 根据产业结构调整滚动修订人才培养方案；按照毕业生质量标准对毕业生进行考核。 【考核要点】 1. 人才培养方案及滚动修订人才培养方案的过程性资料。 2. 对人才培养方案的评价性材料。 3. 毕业生质量标准相关文件。 4. 保障人才培养方案有效执行的规章制度	4	【工作要点】 根据产业结构调整滚动修订人才培养方案；按照毕业生质量标准对毕业生进行考核；完善人才培养方案并对三年建设情况进行总结。 【考核要点】 1. 人才培养方案及滚动修订人才培养方案的过程性资料。 2. 对人才培养方案的评价性材料。 3. 毕业生质量标准相关文件。 4. 保障人才培养方案有效执行的规章制度	4	

续表

一级指标	二级指标	三级指标	2019年自评分	2020年主要建设内容	2020年目标分	2021年主要建设内容	2021年目标分	2022年主要建设内容	2022年目标分	备注
1. 专业（群）定位与发展（30分）	1-4 产教融合	1-4-1 内容与成效	6	【工作要点】 在数字文化产业专业群建设指导委员会指导下，完成校企共建混合所有制“广西动漫职教集团有限公司和数字创意产业学院”建设方案、与企业合作共建“动漫创新工场”方案、与企业合作实施“现代学徒制”方案；与合作企业签订规范的校企合作合同，健全校企合作管理制度。 【考核要点】 1. 共建广西动漫职教集团有限公司、数字创意产业学院、动漫创新工场工作资料。 2. 校企合作合同。 3. 校企合作管理制度。 4. 校企合作人才培养方案、教学计划、课程设置、教师队伍建设资料	6	【工作要点】 按照校企共建混合所有制“动漫职教集团和数字创意产业学院”建设方案要求，分别组建实体化运作的“广西动漫职教集团有限公司”、混合所有制数字创意产业学院；与广西卡斯特动漫有限公司、南宁格美数字科技有限公司等企业合作共建“动漫创新工场”，与广西动力文化传播有限公司等企业共同实施“现代学徒制”，打造校企命运共同体，提高行业企业参与办学程度，健全多元化办学体制，全面推行校企协同育人。邀请行业企业专家加入广西动漫职教集团和产业学院。与合作企业签订规范的校企合作合同，健全校企合作管理制度。由合作企业联合学校为学生提供就业指导、就业信息等服务。	6	【工作要点】 在“一体两翼、四方驱动”的政校行企协同的数字文化产业专业群人才培养机制指导下，校企共建混合所有制“动漫职教集团和数字创意产业学院”，对广西动漫职教集团有限公司、数字创意产业学院、动漫创新工场及现代学徒制的建设工作进行总结，形成示范模式进行推广。 【考核要点】 1. 共建广西动漫职教集团有限公司、数字创意产业学院、动漫创新工场工作资料。 2. 校企合作合同。 3. 校企合作管理制度。 4. 校企合作人才培养方案、教学计划、课程设置、教师队伍建设资料	6	

续表

一级指标	二级指标	三级指标	2019年自评分	2020年主要建设内容	2020年目标分	2021年主要建设内容	2021年目标分	2022年主要建设内容	2022年目标分	备注
1. 专业（群）定位与发展（30分）	1-4 产教融合	1-4-1 内容与成效	6		6	【考核要点】 1. 共建广西动漫职教集团有限公司、数字创意产业学院、动漫创新工场工作资料。 2. 校企合作合同。 3. 校企合作管理制度。 4. 校企合作人才培养方案、教学计划、课程设置、教师队伍建设资料	6		6	
		1-4-2 校企合作七个共同	6	【工作要点】 校企共同研究专业设置，共同设计人才培养方案，共同组建教学团队，共同制定人才培养质量标准。 【考核要点】 校企合作开展“四个共同”的过程性资料和成果	6	【工作要点】 校企共同开发课程，共同开发教材，共同组建教学团队，共同建设实训实习平台。 【考核要点】 校企合作开展“四个共同”的过程性资料和成果	6	【工作要点】 校企共同研究专业设置，共同设计人才培养方案，共同开发课程，共同开发教材，共同组建教学团队，共同建设实训实习平台，共同制定人才培养质量标准。 【考核要点】 校企合作开展“七个共同”的过程性资料和成果	6	

续表

一级指标	二级指标	三级指标	2019年自评分	2020年主要建设内容	2020年目标分	2021年主要建设内容	2021年目标分	2022年主要建设内容	2022年目标分	备注
2. 课程建设（30分）	2-1 课程体系	2-1-1 课程设置与开发	8	【工作要点】 根据专业群定位与发展，构建“素养贯穿、课证融合、底层共享、中层分立、高层互选”的专业群创新课程体系，制订课程和教材开发计划。 【考核要点】 1. 专业群课程体系建设方案，“素养贯穿、课证融合、底层共享、中层分立、高层互选”的专业课程体系说明材料。 2. 制订“开发1门专业群共享平台课程、6门专业群核心课程、1门精品在线课程、开发7本数字文化产业新型教材”的工作计划	8	【工作要点】 持续开发核心素养、专业群共享课程，建成1门专业群共享平台课程和覆盖计算机动漫与游戏制作、计算机平面设计、计算机网络技术、建筑装饰（室内设计方向）、电子商务、数字媒体技术应用等产业领域的6门专业群核心课程，建成1门精品在线课程，开发7本数字文化产业新型教材，实现数字文化产业先进技术在课堂教学中的信息化应用。 【考核要点】 开发1门专业群共享平台课程、6门专业群核心课程、1门精品在线课程、7本数字文化产业新型教材的过程性资料，以及课程实施效果的支撑资料	8	【工作要点】 建成专业群课程体系建设方案（标准）；完善专业群核心素养、共享课程，建成1门专业群共享平台课程和覆盖计算机动漫与游戏制作、计算机平面设计、计算机网络技术、建筑装饰（室内设计方向）、电子商务、数字媒体技术应用等产业领域的6门专业群核心课程，建成1门精品在线课程，开发7本数字文化产业新型教材，实现数字文化产业先进技术在课堂教学中的信息化应用 【考核要点】 1. 专业群课程体系建设方案（标准）。 2. 开发1门专业群共享平台课程、6门专业群核心课程、1门精品在线课程、7本数字文化产业新型教材的过程性资料，以及课程实施效果的支撑资料		

续表

一级指标	二级指标	三级指标	2019 年自评分	2020 年主要建设内容	2020 年目标分	2021 年主要建设内容	2021 年目标分	2022 年主要建设内容	2022 年目标分	备注
2. 课程建设（30 分）	2-1 课程体系	2-1-2 课程标准	8	【工作要点】 联合行业企业共同开发计算机动漫与游戏制作、数字媒体技术应用两个专业的核心素养、专业核心课程（人才培养方案中专业类必修课程）标准，实现课程内容和职业标准有效对接。 【考核要点】 1. 联合行业企业开发的发核心素养、专业核心课程标准的过程性资料。 2. 专业核心课程标准与职业标准有效对接的相关佐证材料	8	【工作要点】 联合行业企业共同开发计算机平面设计、计算机网络技术、建筑装饰（室内设计方向）、电子商务四个专业的核心素养、专业核心课程（人才培养方案中专业类必修课程）标准，实现课程内容和职业标准有效对接。 【考核要点】 1. 联合行业企业开发的发核心素养、专业核心课程标准的过程性资料。 2. 专业核心课程标准与职业标准有效对接的相关佐证材料	8	【工作要点】 完善计算机动漫与游戏制作、计算机平面设计、计算机网络技术、建筑装饰（室内设计方向）、电子商务、数字媒体技术应用等 6 门专业的核心素养、专业核心课程（人才培养方案中专业类必修课程）标准，实现课程内容和职业标准有效对接。 【考核要点】 1. 联合行业企业开发的发核心素养、专业核心课程标准的过程性资料。 2. 专业核心课程标准与职业标准有效对接的相关佐证材料	8	

续表

一级指标	二级指标	三级指标	2019年自评分	2020年主要建设内容	2020年目标分	2021年主要建设内容	2021年目标分	2022年主要建设内容	2022年目标分	备注
2. 课程建设（30分）	2-2 课程管理	2-2-1 课程教学实施	7	【工作要点】 核心素养贯穿教学过程，从课堂教学向项目课程教学实施转变，采用案例教学法、项目教学法、模拟训练法，“做中学、做中教”；按照“课程方案与项目课程确定、项目选择、教材开发、教学条件组织、教学组织与实施、课程考核”编制教学实施方案，实施理论实践一体化教学；配备“双师型”教师，聘请企业一线技术人员承担30%专业课程教学。 【考核要点】 1. 能够体现核心素养贯穿、职教特色的理论实践一体化专业课程实施方案、教学计划表及实施过程性资料。 2. 承担专业课程教学的“双师型”教师名单和资质材料。 3. 企业参与教学比例佐证材料	8	【工作要点】 完善教学实施方案，持续实施理论实践一体化教学，配备“双师型”教师，聘请企业一线技术人员承担30%专业课程教学。 【考核要点】 1. 能够体现核心素养贯穿、职教特色的理论实践一体化专业课程实施方案、教学计划表及实施过程性资料。 2. 承担专业课程教学的“双师型”教师名单和资质材料。 3. 企业参与教学比例佐证材料	8	【工作要点】 完善教学实施方案，持续实施理论实践一体化教学，配备“双师型”教师，聘请企业一线技术人员承担30%专业课程教学。 【考核要点】 1. 能够体现核心素养贯穿、职教特色的理论实践一体化专业课程实施方案、教学计划表及实施过程性资料。 2. 承担专业课程教学的“双师型”教师名单和资质材料。 3. 企业参与教学比例佐证材料	8	

续表

一级指标	二级指标	三级指标	2019 年自评分	2020 年主要建设内容	2020 年目标分	2021 年主要建设内容	2021 年目标分	2022 年主要建设内容	2022 年目标分	备注
2. 课程建设（30 分）	2-2 课程管理	2-2-2 教材选用与开发	6	【工作要点】 根据职业教育特点及本专业的发展需求，制定教材选用、更新和开发制度，并有效实施；制订与行业企业合作开发教材的计划。 【考核要点】 1. 完善的教材更新制度，建设期教材选用情况。 2. 与行业企业合作开发教材的计划	6	【工作要点】 与行业企业合作开发 4 本公开出版的校本教材，教材在本校本专业的使用率为 100%。 【考核要点】 1. 完善的教材更新制度，建设期教材选用情况。 2. 与企业合作开发教材的过程性资料，教材使用率的佐证材料	6	【工作要点】 与行业企业合作开发 2 本公开出版的校本教材，教材在本校本专业的使用率为 100%。 【考核要点】 1. 完善的教材更新制度，建设期教材选用情况。 2. 与企业合作开发教材的过程性资料，教材使用率的佐证材料	6	
3. 师资队伍建设（40 分）	3-1 专业负责人	3-1-1 基本条件	6	【工作要点】 带领团队开展品牌专业群建设；参加行业、企业活动，搭建专业群建设交流平台。 【考核要点】 1. 专业负责人学历、职称、教学年限、职业资格等资料，且符合要求。 2. 专业负责人牵头撰写的行业和本专业发展状况报告、参加行业企业活动过程材料。	6	【工作要点】 参加国内外培训学习，其中，国内 3 次、国外 1 次，提升自身综合素质；带领团队开展品牌专业群建设；参加行业企业活动，搭建专业群建设交流平台。 【考核要点】 1. 专业负责人学历、职称、教学年限、职业资格等资料，且符合要求。	6	【工作要点】 参加 3 次国内培训学习，提升自身综合素质；带领团队开展品牌专业群建设；参加行业企业活动，搭建专业群建设交流平台。 【考核要点】 1. 专业负责人学历、职称、教学年限、职业资格等资料，且符合要求。	6	

续表

一级指标	二级指标	三级指标	2019年自评分	2020年主要建设内容	2020年目标分	2021年主要建设内容	2021年目标分	2022年主要建设内容	2022年目标分	备注
3. 师资队伍建设（40分）	3-1专业负责人	3-1-1基本条件	6	3. 搭建专业群建设交流平台过程材料	6	2. 专业负责人牵头撰写的行业和本专业发展状况报告、参加行业活动过程材料。 3. 参加国内外培训学习的过程资料和学习成果	6	2. 专业负责人牵头撰写的行业和本专业发展状况报告、参加行业活动过程材料。 3. 参加国内培训学习的过程资料和学习成果	6	
		3-1-2成果与荣誉	8	【工作要点】 带头人参加教改科研、企业项目服务，申报教育教学成果。 1. 教师主持或参与自治区级课题（立项）1项以上。 2. 教师参加竞赛获自治区级奖项1项项以上。 3. 教师在国内中文期刊发表文章1篇以上。 【考核要点】 1. 符合要求的科研或论文成果佐证材料。 2. 符合要求的获奖证书、荣誉称号佐证材料等	8	【工作要点】 带头人参加教改科研、企业项目服务，申报教育教学成果奖。 1. 教师主持或参与自治区级课题（立项）1项以上。 2. 教师参加竞赛获自治区级奖项1项以上。 3. 教师在国内中文期刊发表文章1篇以上。 【考核要点】 1. 符合要求的科研或论文成果佐证材料。 2. 符合要求的获奖证书、荣誉称号佐证材料等	8	【工作要点】 带头人参加教改科研、企业项目服务，申报教育教学成果奖。 1. 教师主持或参与自治区级课题（立项）1项以上。 2. 教师参加竞赛获自治区级奖项1项以上。 3. 教师在国内中文期刊发表文章1篇以上。 【考核要点】 1. 符合要求的科研或论文成果佐证材料。 2. 符合要求的获奖证书、荣誉称号佐证材料等	8	

续表

一级指标	二级指标	三级指标	2019 年自评分	2020 年主要建设内容	2020 年目标分	2021 年主要建设内容	2021 年目标分	2022 年主要建设内容	2022 年目标分	备注
3. 师资队伍建设（40 分）	3-2 专业教师	3-2-1 数量结构	5	【工作要点】 制定“教学+技术”的教学创新团队相关管理制度，组建由团队带头人、相近教学改革和教学研究方向的老中青教师、企业技术骨干组成的“专业基础课程、专业核心课程、专业拓展课程”三大类型教学创新团队，具体构成：专任专业教师数与在籍学生数之比不低于 1：20；专任专业教师本科以上学历的比例达到 100%，研究生学历比例（或硕士以上学位）不低于 15%，专业“双师型”教师比例不低于 80%，高级职称比例不低于 20%。	6	【工作要点】 完善“教学+技术”的教学创新团队相关管理制度，组建由团队带头人、相近教学改革和教学研究方向的老中青教师、企业技术骨干组成的“专业基础课程、专业核心课程、专业拓展课程”三大类型教学创新团队，具体构成：专任专业教师数与在籍学生数之比不低于 1：20；专任专业教师本科以上学历的比例达到 100%，研究生学历比例（或硕士以上学位）不低于 15%，专业“双师型”教师比例不低于 90%，高级职称比例不低于 30%。	6	【工作要点】 建成“教学+技术”的教学创新团队相关管理制度，组建由团队带头人、相近教学改革和教学研究方向的老中青教师、企业技术骨干组成的“专业基础课程、专业核心课程、专业拓展课程”三大类型教学创新团队，具体构成：专任专业教师数与在籍学生数之比不低于 1：20；专任专业教师本科以上学历的比例达到 100%，研究生学历比例（或硕士以上学位）不低于 15%，专业“双师型”教师比例达到 100%，高级职称比例不低于 40%。	6	

续表

一级指标	二级指标	三级指标	2019年自评分	2020年主要建设内容	2020年目标分	2021年主要建设内容	2021年目标分	2022年主要建设内容	2022年目标分	备注
3. 师资队伍建设（40分）	3-2 专业教师	3-2-1 数量结构	5	【考核要点】 在籍学生数量，专任教师名册及其学历、职称、职业资格等佐证材料，并达到比例要求。专任专业教师数与在籍学生数之比(w)不低于1∶20；专任专业教师本科以上学历的比例(n)达到100%，研究生学历比例(m)（或硕士以上学位）不低于15%，专业“双师型”教师比例(k)不低于80%，高级职称比例(g)不低于20%	6	【考核要点】 在籍学生数量，专任教师名册及其学历、职称、职业资格等佐证材料，并达到比例要求。专任专业教师数与在籍学生数之比(w)不低于1∶20；专任专业教师本科以上学历的比例(n)达到100%，研究生学历比例(m)（或硕士以上学位）不低于15%，专业“双师型”教师比例(k)不低于90%，高级职称比例(g)不低于30%	6	【考核要点】 在籍学生数量，专任教师名册及其学历、职称、职业资格等佐证材料，并达到比例要求。专任专业教师数与在籍学生数之比(w)不低于1∶20；专任专业教师本科以上学历的比例(n)达到100%，研究生学历比例(m)（或硕士以上学位）不低于15%，专业“双师型”教师比例(k)达到100%，高级职称比例（g）不低于40%	6	
		3-2-2 兼职教师	6	【工作要点】 聘请有丰富实践经验的行业专家、企业工程技术人员、高技能人才和能工巧匠担任兼职教师，建立20人以上的专业群兼职教师库，具有中级以上职称的兼职教师比例达到30%。对接产业，实时更新、动态调整兼职教师资源库。 【考核要点】 兼职教师名册及教师学历、职称及行业从业资历证明材料，兼职教师聘任相关资料等	6	【工作要点】 聘请有丰富实践经验的行业专家、企业工程技术人员、高技能人才和能工巧匠担任兼职教师，建立30人以上的专业群兼职教师库，具有中级以上职称的兼职教师比例达到40%。对接产业，实时更新、动态调整兼职教师资源库 【考核要点】 兼职教师名册及教师学历、职称及行业从业资历证明材料，兼职教师聘任相关资料等	6	【工作要点】 聘请有丰富实践经验的行业专家、企业工程技术人员、高技能人才和能工巧匠担任兼职教师，建立50人以上的专业群兼职教师库，具有中级以上职称的兼职教师比例达到50%。对接产业，实时更新、动态调整兼职教师资源库。 【考核要点】 兼职教师名册及教师学历、职称及行业从业资历证明材料，兼职教师聘任相关资料等	6	

续表

一级指标	二级指标	三级指标	2019年自评分	2020年主要建设内容	2020年目标分	2021年主要建设内容	2021年目标分	2022年主要建设内容	2022年目标分	备注
3. 师资队伍建设（40分）	3-2 专业教师	3-2-3 能力素质	7	【工作要点】 加强广西中职名师工作坊的建设，制定教师素质提升考核及激励机制，鼓励教师参加教改科研、技能竞赛、企业项目服务等；申报教育教学荣誉称号。 除专业带头人外： 1. 教师主持或作为核心成员（排名前五）参与省级及以上教学改革研究课题1项以上。 2. 教师在竞赛中获省级及以上奖项2项以上，或指导学生在竞赛中获省级以上奖项2项以上；或教师获得省级及以上荣誉称号1项，或教师以第一发明人获1项及以上国家发明专利。 3. 40%以上教师发表过论文或获得省级及以上奖励。 4. 有1名教师担任省部级及以上课程改革、专业教学资源库、示范特色专业及实训基地等专业建设项目主要成员（均排名前五），或主持省部级及以	7	【工作要点】 加强广西中职名师工作坊的建设，制定教师素质提升考核及激励机制，鼓励教师参加教改科研、技能竞赛、企业项目服务等；申报教育教学荣誉称号。 除专业带头人外： 1. 教师主持或作为核心成员（排名前五）参与省级及以上教学改革研究课题1项以上。 2. 教师在竞赛中获省级及以上奖项2项以上，或指导学生在竞赛中获省级及以上奖项2项以上，或教师获得省级及以上荣誉称号1项，或教师以第一发明人获1项及以上国家发明专利。 3. 40%以上教师发表过论文或获得省级及以上奖励。 4. 有1名教师担任省部级及以上课程改革、专业教学资源库、示范特色专业及实训基地等专业建设项目主要成员（均排名前五），或主持省部级及以	8	【工作要点】 加强广西中职名师工作坊的建设，制定教师素质提升考核及激励机制，鼓励教师参加教改科研、技能竞赛、企业项目服务等；申报教育教学荣誉称号。 除专业带头人外： 1. 教师主持或作为核心成员（排名前五）参与省级及以上教学改革研究课题1项以上。 2. 教师在竞赛中获省级及以上奖项2项以上，或指导学生在竞赛中获省级及以上奖项2项以上，或教师获得省级及以上荣誉称号1项，或教师以第一发明人获1项及以上国家发明专利。 3. 40%以上教师发表过论文或获得省级及以上奖励。 4. 有1名教师担任省部级及以上课程改革、专业教学资源库、示范特色专业及实训基地等专业建设项目主要成员（均排名前五），或主持省部级及以	8	

续表

一级指标	二级指标	三级指标	2019年自评分	2020年主要建设内容	2020年目标分	2021年主要建设内容	2021年目标分	2022年主要建设内容	2022年目标分	备注
3. 师资队伍建设（40分）	3-2 专业教师	3-2-3 能力素质	7	上名师工作坊、技能大师工作室项目建设并取得阶段性成果。 【考核要点】 1. 教师主持或作为核心成员参与教改课题的佐证材料。 2. 教师、学生获奖或发明专利、开发新技术并推广应用等相关佐证材料。 3. 教师发表论文或论文获奖佐证材料。 4. 教师主持或担任主要成员参与项目建设的相关材料及阶段性成果	7	上名师工作坊、技能大师工作室项目建设并取得阶段性成果。 【考核要点】 1. 教师主持或作为核心成员参与教改课题的佐证材料。 2. 教师、学生获奖或发明专利、开发新技术并推广应用等相关佐证材料。 3. 教师发表论文或论文获奖佐证材料。 4. 教师主持或担任主要成员参与项目建设的相关材料及阶段性成果	8	上名师工作坊、技能大师工作室项目建设并取得阶段性成果。 【考核要点】 1. 教师主持或作为核心成员参与教改课题的佐证材料。 2. 教师、学生获奖或发明专利、开发新技术并推广应用等相关佐证材料。 3. 教师发表论文或论文获奖佐证材料。 4. 教师主持或担任主要成员参与项目建设的相关材料及阶段性成果	8	
		3-2-4 校企师资共建共享	6	【工作要点】 制定校企师资共建共享方案及管理制度并组织实施；与10家行业企业签订合同，以项目合作形式，派出专任专业教师参加企业实践天数不少于30天，并担任中层以上管理人员或者高级技术研发岗位。 【考核要点】 1. 校企师资互派及教师企业实践佐证材料。	6	【工作要点】 制定校企师资共建共享方案及管理制度并组织实施；与15家行业企业签订合同，以项目合作形式，派出专任专业教师参加企业实践天数不少于30天，并担任中层以上管理人员或者高级技术研发岗位。 【考核要点】 1. 校企师资互派及教师企业实践佐证材料。	6	【工作要点】 制定校企师资共建共享方案及管理制度并组织实施；与20家行业企业签订合同，以项目合作形式，派出专任专业教师参加企业实践天数不少于30天，并担任中层以上管理人员或者高级技术研发岗位。 【考核要点】 1. 校企师资互派及教师企业实践佐证材料。	6	

续表

一级指标	二级指标	三级指标	2019年自评分	2020年主要建设内容	2020年目标分	2021年主要建设内容	2021年目标分	2022年主要建设内容	2022年目标分	备注
3. 师资队伍建设（40分）	3-2 专业教师	3-2-4 校企师资共建共享	6	2. 每年度专任专业教师人均参加企业实践天数（a）达30天以上	6	2. 每年度专任专业教师人均参加企业实践天数（a）达30天以上	6	2. 每年度专任专业教师人均参加企业实践天数（a）达30天以上	6	
4. 教学实训设施（20分）	4-1 实训基地	4-1-1 校内实训基地	8	【工作要点】 1. 完成实训基地建设的市场及现场调研，确定基地场地建设规划；制订改造提升现有校内4个实训基地的计划；论证“生产型数字创新工场”生产性实训基地和专业群公共综合型实训基地方案，建设本专业大类的自治区级及以上实训基地，达到国家级“1+X”证书制度试点的考试要求；完善实训基地管理制度并严格执行。 2. 承办自治区级及以上级别技能大赛2项。	8	【工作要点】 1. 按计划改造提升现有校内4个实训基地；按计划建设“生产型数字创新工场”生产性实训基地和专业群公共综合型实训基地，达到国家级“1+X”证书制度试点的考试要求；完善实训基地管理制度并严格执行。 2. 承办自治区级及以上级别技能大赛2项。	8	【工作要点】 1. 完成校内4个实训基地和“生产型数字创新工场”生产性实训基地和专业群公共综合型实训基地建设，本专业大类实训基地达到自治区级及以上实训基地要求，达到国家级“1+X”证书制度试点的考试要求；完善实训基地管理制度并严格执行。 2. 获得自治区级实习实训示范基地1个。 3. 承办自治区级及以上级别技能大赛2项。	8	

续表

一级指标	二级指标	三级指标	2019年自评分	2020年主要建设内容	2020年目标分	2021年主要建设内容	2021年目标分	2022年主要建设内容	2022年目标分	备注
4. 教学实训设施（20分）	4-1 实训基地	4-1-1 校内实训基地	8	【考核要点】 1. 校内实训基地基本情况一览表。 2. 校内实训基地建设成效报告（包括建设成果、荣誉及相关佐证材料）。 3. 校内实训基地平均利用率统计表。 4. 教学仪器设备的固定资产账册、教学仪器设备的固定资产生均值统计表。 5. 校内实训基地管理制度。 6. 校内实验实训项目及开出情况统计表等	8	【考核要点】 1. 校内实训基地基本情况一览表。 2. 校内实训基地建设成效报告（包括建设成果、荣誉及相关佐证材料）。 3. 校内实训基地平均利用率统计表。 4. 教学仪器设备的固定资产账册、教学仪器设备的固定资产生均值统计表。 5. 校内实训基地管理制度。 6. 校内实验实训项目及开出情况统计表等。	8	【考核要点】 1. 校内实训基地基本情况一览表。 2. 校内实训基地建设成效报告（包括建设成果、荣誉及相关佐证材料）。 3. 校内实训基地平均利用率统计表。 4. 教学仪器设备的固定资产账册、教学仪器设备的固定资产生均值统计表。 5. 校内实训基地管理制度。 6. 校内实验实训项目及开出情况统计表等	8	
		4-1-2 校外实训基地	6	【工作要点】 与广西动漫协会共建企业顶岗实训和教师培训基地，其中，国家级动漫企业 1 家、自治区级文化示范基地 1 家、自治区级动漫骨干企业 1 家；论证与企业共建生产性综合实训基地方案并签订协议。 【考核要点】 校外实训基地基本情况表	6	【工作要点】 与广西动漫协会共建企业顶岗实训和教师培训基地，其中，国家级动漫企业 2 家、自治区级文化示范基地 2 家、自治区级动漫骨干企业 2 家；论证与企业共建生产性综合实训基地方案并签订协议。 【考核要点】 校外实训基地基本情况表	6	【工作要点】 与广西动漫协会共建企业顶岗实训和教师培训基地，其中，国家级动漫企业 1 家、自治区级文化示范基地 1 家、自治区级动漫骨干企业 1 家；论证与企业共建生产性综合实训基地方案并签订协议。 【考核要点】 校外实训基地基本情况	6	

续表

一级指标	二级指标	三级指标	2019 年自评分	2020 年主要建设内容	2020 年目标分	2021 年主要建设内容	2021 年目标分	2022 年主要建设内容	2022 年目标分	备注
4. 教学实训设施（20 分）	4-2 信息化平台建设	4-2-1 数字化教学资源	5	【工作要点】 制定与南宁格美数字科技有限公司和广西卡斯特动漫有限公司联合共建专业群数字化教学资源平台（动漫云课堂）的工作方案，研讨专业教学资源库建设，架构“动漫云课堂”信息化教育平台。 【考核要点】 数字化数字资源建设、使用，以及反映建设、使用成效的佐证资料等	6	【工作要点】 与南宁格美数字科技有限公司和广西卡斯特动漫有限公司联合共建专业群数字化教学资源平台（动漫云课堂），数字化教学资源普遍进课程、进课堂，利用率达到 85% 以上。建设“动漫云课堂”信息化教育平台。 【考核要点】 数字化数字资源建设、使用，以及反映建设、使用成效的佐证资料等	6	【工作要点】 完善专业群数字化教学资源平台（动漫云课堂），数字化教学资源普遍进课程、进课堂，利用率达到 90% 以上。建成“动漫云课堂”信息化教育平台。新建成自治区级职业教育专业教学资源库 1 个。 【考核要点】 数字化数字资源建设、使用，以及反映建设、使用成效的佐证资料等	6	
5. 教学与实习组织实施（40 分）	5-1 教学管理、常规管理	5-1-1 课堂教学管理	6	【工作要点】 建设专业群教学管理委员会，制定教学管理组织和制度；制定教学质量监控体系并持续运作。 【考核要点】 1. 教学管理组织机构、职责和名单。 2. 教学质量管理制度及相关佐证材料。 3. 教学管理的过程性资料等（备课、授课、说课、听课、评课等）	6	【工作要点】 建设专业群教学管理委员会，制定教学管理组织和制度；制定教学质量监控体系并持续运作。 【考核要点】 1. 教学管理组织机构、职责和名单。 2. 教学质量管理制度及相关佐证材料。 3. 教学管理的过程性资料等（备课、授课、说课、听课、评课等）	6	【工作要点】 建设专业群教学管理委员会，制定教学管理组织和制度；制定教学质量监控体系并持续运作。 【考核要点】 1. 教学管理组织机构、职责和名单。 2. 教学质量管理制度及相关佐证材料。 3. 教学管理的过程性资料等（备课、授课、说课、听课、评课等）	6	

续表

一级指标	二级指标	三级指标	2019年自评分	2020年主要建设内容	2020年目标分	2021年主要建设内容	2021年目标分	2022年主要建设内容	2022年目标分	备注
5. 教学与实习组织实施（40分）	5-1 教学管理、常规管理	5-1-2 实习管理	6	【工作要点】 严格按照《职业学校学生实习管理规定》建立健全学生实习管理制度，坚持以立德树人、培育中职学生核心素养为根本，全面加强对实践性教学环节的管理，保证实践教学的质量；实施有报酬的对口顶岗实习计划并购买学生责任险。 【考核要点】 1. 实习协议。 2. 管理制度，管理机构、职责和名单。 3. 实习教学计划。 4. 教师实习指导记录，学生实习手册。 5. 顶岗实习责任保险购买记录，出险记录。 6. 学生对顶岗实习的满意度调查表、调查结果等	6	【工作要点】 严格按照《职业学校学生实习管理规定》建立健全学生实习管理制度，坚持以立德树人、培育中职学生核心素养为根本，全面加强对实践性教学环节的管理，保证实践教学的质量；实施有报酬的对口顶岗实习计划并购买学生责任险。 【考核要点】 1. 实习协议。 2. 管理制度，管理机构、职责和名单。 3. 实习教学计划。 4. 教师实习指导记录，学生实习手册。 5. 顶岗实习责任保险购买记录，出险记录。 6. 学生对顶岗实习的满意度调查表、调查结果等	6	【工作要点】 严格按照《职业学校学生实习管理规定》建立健全学生实习管理制度，坚持以立德树人、培育中职学生核心素养为根本，全面加强对实践性教学环节的管理，保证实践教学的质量；实施有报酬的对口顶岗实习计划并购买学生责任险。 【考核要点】 1. 实习协议。 2. 管理制度，管理机构、职责和名单。 3. 实习教学计划。 4. 教师实习指导记录，学生实习手册。 5. 顶岗实习责任保险购买记录，出险记录。 6. 学生对顶岗实习的满意度调查表、调查结果等	6	

续表

一级指标	二级指标	三级指标	2019年自评分	2020年主要建设内容	2020年目标分	2021年主要建设内容	2021年目标分	2022年主要建设内容	2022年目标分	备注
5. 教学与实习组织实施（40分）	5-2 教学改革	5-2-1 教学模式改革	6	【工作要点】 以推进教法改革为抓手，创新推行校内课堂、网上课堂和企业课堂“三个课堂”教学模式，主要开展以下几项工作： 1. 建设专业群教学管理委员，制定一整套教学管理组织和制度。 2. 规范开展、实施专业群实习工作。 3. 在校内课堂大力推进“课堂革命”。 4. 大力开发网络课堂，建设智慧学习环境。 5. 建立企业课堂，创新实践教学。 【考核要点】 1. 教学模式改革方案及阶段性改革成果、实施及相关佐证材料等。 2. 教学评价制度及相关佐证材料	6	【工作要点】 以推进教法改革为抓手，创新推行校内课堂、网上课堂和企业课堂“三个课堂”教学模式，主要开展以下几项工作： 1. 建设专业群教学管理委员，制定一整套教学管理组织和制度。 2. 规范开展、实施专业群实习工作。 3. 在校内课堂大力推进“课堂革命”。 4. 大力开发网络课堂，建设智慧学习环境。 5. 建立企业课堂，创新实践教学。 【考核要点】 1. 教学模式改革方案及阶段性改革成果、实施及相关佐证材料等。 2. 教学评价制度及相关佐证材料	6	【工作要点】 以推进教法改革为抓手，创新推行校内课堂、网上课堂和企业课堂“三个课堂”教学模式，主要开展以下几项工作： 1. 建设专业群教学管理委员，制定一整套教学管理组织和制度。 2. 规范开展、实施专业群实习工作。 3. 在校内课堂大力推进“课堂革命”。 4. 大力开发网络课堂，建设智慧学习环境。 5. 建立企业课堂，获得创新实践教学标志性成果： （1）国家职业教育教学成果奖1项。 （2）自治区级教学成果2项。 【考核要点】 1. 教学模式改革方案及阶段性改革成果、实施及相关佐证材料等。 2. 教学评价制度及相关佐证材料	6	

续表

一级指标	二级指标	三级指标	2019年自评分	2020年主要建设内容	2020年目标分	2021年主要建设内容	2021年目标分	2022年主要建设内容	2022年目标分	备注
5. 教学与实习组织实施（40分）	5-2 教学改革	5-2-2 教学管理创新	6	【工作要点】 成立由行业专家、企业兼职教师、学校教师等组成的专业群教学督导委员会，督导专业群教学工作；制定核心素养贯穿的学分制和弹性学制实施方案；建设专业教师工作团队，负责教学项目开发、精品课程建设、技术服务；专业群教学管理平台实现教学管理的信息化、程序化、规范化和科学化。 【考核要点】 1. 教学管理机构（教学督导）、职责、名单及人员构成资料。 2. 数字化教学管理系统及运行情况，学分制和弹性学制实施方案及实施资料，开放教学资源的相关资料。 3. 专业教师工作团队建设的相关资料	6	【工作要点】 加强专业群教学督导委员会建设，督导专业群教学工作；完善核心素养贯穿的学分制和弹性学制实施方案；加强专业教师工作团队建设；加强专业群教学管理平台建设。 【考核要点】 1. 教学管理机构（教学督导）、职责、名单及人员构成资料。 2. 数字化教学管理系统及运行情况，学分制和弹性学制实施方案及实施资料，开放教学资源的相关资料。 3. 专业教师工作团队建设的相关资料	6	【工作要点】 加强专业群教学督导委员会建设，督导专业群教学工作；建成核心素养贯穿的学分制和弹性学制实施方案；建成专业教师工作团队；建成专业群教学管理平台。 【考核要点】 1. 教学管理机构（教学督导）、职责、名单及人员构成资料。 2. 数字化教学管理系统及运行情况，学分制和弹性学制实施方案及实施资料，开放教学资源的相关资料。 3. 专业教师工作团队建设的相关资料	6	

续表

一级指标	二级指标	三级指标	2019年自评分	2020年主要建设内容	2020年目标分	2021年主要建设内容	2021年目标分	2022年主要建设内容	2022年目标分	备注
5. 教学与实习组织实施（40分）	5-2 教学改革	5-2-3 教学诊改	6	【工作要点】 成立专业群建设指导委员会，专业群和校企合作企业“两个监控主体”共同参与，建设由“一个委员会、一套制度、五级监控、六位一体、七种方式、九项内容”组成的专业群建设和教学质量“115679”监控体系；在核心素养、专业建设、课程建设、教师发展等方面对照标准开展自主诊断，分析问题产生的原因，制定并落实改进措施，评价改进效果。 【考核要点】 1. 教学诊改实施时间表和路线图，内部质量保证体系相关标准。 2. 学校教学诊改实施方案、专业教学诊改实施方案，教学诊改数据平台，以及改进情况组织检查的记录。 3. 专业年度教学工作诊断项目（诊断点）记录表，专业年度教学工作自我诊改报告	6	【工作要点】 成立专业群建设指导委员会，专业群和校企合作企业“两个监控主体”共同参与，建设由“一个委员会、一套制度、五级监控、六位一体、七种方式、九项内容”组成的专业群建设和教学质量“115679”监控体系；在核心素养、专业建设、课程建设、教师发展等方面对照标准开展自主诊断，分析问题产生的原因，制定并落实改进措施，评价改进效果。 【考核要点】 1. 教学诊改实施时间表和路线图，内部质量保证体系相关标准。 2. 学校教学诊改实施方案、专业教学诊改实施方案，教学诊改数据平台，以及改进情况组织检查的记录。 3. 专业年度教学工作诊断项目（诊断点）记录表，专业年度教学工作自我诊改报告	6	【工作要点】 成立专业群建设指导委员会，专业群和校企合作企业“两个监控主体”共同参与，建设由“一个委员会、一套制度、五级监控、六位一体、七种方式、九项内容”组成的专业群建设和教学质量“115679”监控体系；在核心素养、专业建设、课程建设、教师发展等方面对照标准开展自主诊断，分析问题产生的原因，制定并落实改进措施，评价改进效果。 【考核要点】 1. 教学诊改实施时间表和路线图，内部质量保证体系相关标准。 2. 学校教学诊改实施方案、专业教学诊改实施方案，教学诊改数据平台，以及改进情况组织检查的记录。 3. 专业年度教学工作诊断项目（诊断点）记录表，专业年度教学工作自我诊改报告	6	

续表

一级指标	二级指标	三级指标	2019年自评分	2020年主要建设内容	2020年目标分	2021年主要建设内容	2021年目标分	2022年主要建设内容	2022年目标分	备注
5. 教学与实习组织实施（40分）	5-2 教学改革	5-2-4 标志性成果	10	【工作要点】 按照工作实际进度，组织申报区级教学成果奖，并获奖。 （1）国家职业教育教学成果奖1项。 （2）自治区级教学成果2项。 【考核要点】 正式文件及证书	10	【工作要点】 按照工作实际进度，组织申报区级教学成果奖，并获奖。 （1）国家职业教育教学成果奖1项。 （2）自治区级教学成果2项。 【考核要点】 正式文件及证书	10	【工作要点】 按照工作实际进度，组织申报区级教学成果奖，并获奖。 （1）国家职业教育教学成果奖1项。 （2）自治区级教学成果2项。 【考核要点】 正式文件及证书	10	
6. 质量效益（40分）	6-1 办学规模	6-1-1 学历教育与培训	9	【工作要点】 做好专业群招生宣传工作，完成招生任务；加强技术培训工作，完成培训任务。 【考核要点】 1. 在籍学生统计表及可供核对的学籍管理信息库；全日制招生完成率 $P \geq 100\%$。 2. 开展培训的通知、协议、转账记录；培训收入 $N \geq 100\ 000$ 万元。	9	【工作要点】 做好专业群招生宣传工作，完成招生任务；加强技术培训工作，完成培训任务。 【考核要点】 1. 在籍学生统计表及可供核对的学籍管理信息库；全日制招生完成率 $P \geq 100\%$。 2. 开展培训的通知、协议、转账记录；培训收入 $N \geq$ 100 000 万元。	10	【工作要点】 做好专业群招生宣传工作，完成招生任务；加强技术培训工作，完成培训任务。 【考核要点】 1. 在籍学生统计表及可供核对的学籍管理信息库；全日制招生完成率 $P \geq 100\%$。 2. 开展培训的通知、协议、转账记录；培训收入 $N \geq$ 100 000 万元	10	

续表

一级指标	二级指标	三级指标	2019 年自评分	2020 年主要建设内容	2020 年目标分	2021 年主要建设内容	2021 年目标分	2022 年主要建设内容	2022 年目标分	备注
6. 质量效益（40 分）	6-2 培养质量	6-2-1 学生技能竞赛	4	【工作要点】 申报承办自治区级及以上学生技能大赛 1 项；学生获得技能大赛自治区一等奖及以上奖项；承办市厅级及以上比赛，学生能够在比赛中获奖。 【考核要点】 1. 承办学生技能大赛、获得自治区一等奖及以上奖项材料正文文件。 2. 学生获奖正式文件及证书	4	【工作要点】 申报承办自治区级及以上学生技能大赛 1 项。学生获得技能大赛自治区一等奖及以上奖项；承办市厅级及以上比赛，学生能够在比赛中获奖。 【考核要点】 1. 承办学生技能大赛、获得自治区一等奖及以上奖项材料正文文件。 2. 学生获奖正式文件及证书	4	【工作要点】 申报承办自治区级及以上学生技能大赛 1 项；学生获得技能大赛自治区一等奖及以上奖项；承办市厅级及以上比赛，学生能够在比赛中获奖。 【考核要点】 1. 承办学生技能大赛、获得自治区一等奖及以上奖项材料正文文件。 2. 学生获奖正式文件及证书	4	
		6-2-2 学生就业与创业	6	【工作要点】 课程中设置创新创业教育模块，加入 1~2 门创新创业课程或培训讲座，与南宁格美数字科技有限公司设计创新创业学习课程；建设学生创新创业实践基地；培养 1~3 名专兼职创业导师；举办创新创业大赛，扶持创业项目不少于 2 项；学生升学率达到 85% 以上，就业与创业率达到 15% 左右，培育创业典型 1 个。	6	【工作要点】 课程中设置创新创业教育模块，加入 1~2 门创新创业课程或培训讲座，与南宁格美数字科技有限公司设计创新创业学习课程；建设学生创新创业实践基地；培养 1~3 名专兼职创业导师；举办创新创业大赛，扶持创业项目不少于 2 项；学生升学率达到 85% 以上，就业与创业率达到 15% 左右，培育创业典型 1 个。	6	【工作要点】 课程中设置创新创业教育模块，加入 1~2 门创新创业课程或培训讲座，与南宁格美数字科技有限公司设计创新创业学习课程；建设学生创新创业实践基地；培养 1~3 名专兼职创业导师；举办创新创业大赛，扶持创业项目不少于 2 项；学生升学率达到 85% 以上，就业与创业率达到 15% 左右，培育创业典型 1 个。	6	

续表

一级指标	二级指标	三级指标	2019年自评分	2020年主要建设内容	2020年目标分	2021年主要建设内容	2021年目标分	2022年主要建设内容	2022年目标分	备注
6. 质量效益（40分）	6-2 培养质量	6-2-2 学生就业与创业	6	【考核要点】 1. 毕业生就业情况统计表，就业率 $P \geq 95\%$，对口就业率 $Q \geq 70\%$。 2. 政府部门或者权威媒体（党报）发文表彰或者报道的自治区级就业创业典型	6	【考核要点】 1. 毕业生就业情况统计表，就业率 $P \geq 95\%$，对口就业率 $Q \geq 70\%$。 2. 政府部门或者权威媒体（党报）发文表彰或者报道 的自治区级就业创业典型	6	【考核要点】 1. 毕业生就业情况统计表，就业率 $P \geq 95\%$，对 口就业率 $Q \geq 70\%$。 2. 政府部门或者权威媒体（党报）发文表彰或者报道的自治区级就业创业典型	6	
		6-2-3 职业资格证书（专项能力证书）获取率	1.2	【工作要点】 组织开展职业资格证书（专项能力证书）鉴定工作，申报国家级“1+X”证书制度试点，推进“1+X”证书鉴定，获取率达80%以上。 【考核要点】 获证学生统计表，职业资格证书的比例 $P \geq 80\%$	1.2	【工作要点】 组织开展职业资格证书（专项能力证书）鉴定工作，申报国家级“1+X”证书制度试点，推进“1+X”证书鉴定，获取率达80%以上。 【考核要点】 获证学生统计表，职业资格证书的比例 $P \geq 80\%$	2	【工作要点】 组织开展职业资格证书（专项能力证书）鉴定工作，申报国家级“1+X”证书制度试点，推进“1+X”证书鉴定，获取率达80%以上。 【考核要点】 获证学生统计表，职业资格证书的比例 $P \geq 80\%$	2	

续表

一级指标	二级指标	三级指标	2019年自评分	2020年主要建设内容	2020年目标分	2021年主要建设内容	2021年目标分	2022年主要建设内容	2022年目标分	备注
6. 质量效益（40分）	6-3 社会服务	6-3-1 技术服务	5	【工作要点】 开展师资、企业员工及社区各类培训100人次以上；为广西卡斯特动漫有限公司学龄前儿童动漫IP《小恐绒》《宝贝去哪》提供服务，绘制绘本2套、制作系列动画片3集。技术服务创收5万元以上。 【考核要点】 技术服务协议、转账记录、工作过程材料	6	【工作要点】 开展师资、企业员工及社区各类培训100人次以上；为广西卡斯特动漫有限公司学龄前儿童动漫IP《小恐绒》《宝贝去哪》提供服务，绘制绘本2套、制作系列动画片3集。技术服务创收5万元以上。 【考核要点】 技术服务协议、转账记录、工作过程材料	7	【工作要点】 开展师资、企业员工及社区各类培训100人次以上；为广西卡斯特动漫有限公司学龄前儿童动漫IP《小恐绒》《宝贝去哪》提供服务，绘制绘本2套、制作系列动画片3集。技术服务创收5万元以上。 【考核要点】 技术服务协议、转账记录、工作过程材料	8	
		6-3-2 典型示范	4	【工作要点】 专业群资源对本区域其他学校开放，接受来访、观摩，参观5次以上。 【考核要点】 接受观摩、参观的正式文件和照片，参观次数 $V \geq 5$	4	【工作要点】 专业群资源对本区域其他学校开放，接受来访、观摩，参观5次以上。 【考核要点】 接受观摩、参观的正式文件和照片，参观次数 $V \geq 5$	4	【工作要点】 专业群资源对本区域其他学校开放，接受来访、观摩，参观5次以上。 【考核要点】 接受观摩、参观的正式文件和照片，参观次数 $V \geq 5$	4	

续表

一级指标	二级指标	三级指标	2019年自评分	2020年主要建设内容	2020年目标分	2021年主要建设内容	2021年目标分	2022年主要建设内容	2022年目标分	备注
6. 质量效益（40分）	6-4 脱贫攻坚	6-4-1 面向农业、农村、农民开展培训和服务	6	【工作要点】 巩固脱贫攻坚成果，继续发挥学校是广西扶贫致富带头人培训基地的优势，组织面向农业、农村、农民开展培训和服务，培训不少于100人次。 【考核要点】 相关文件或者协议、过程证明	6	【工作要点】 巩固脱贫攻坚成果，继续发挥学校是广西扶贫致富带头人培训基地的优势，组织面向农业、农村、农民开展培训和服务，培训不少于100人次。 【考核要点】 相关文件或者协议、过程证明	6	【工作要点】 巩固脱贫攻坚成果，继续发挥学校是广西扶贫致富带头人培训基地的优势，组织面向农业、农村、农民开展培训和服务，培训不少于100人次。 【考核要点】 相关文件或者协议、过程证明	6	
	6-5 国际化办学	职业教育“走出去”	6	【工作要点】 到日韩及东盟国家考察学习，完成日韩及东盟国家数字文化产业发展调研；拟定国际化教学标准及人才培养标准合作建设方案；探索与东盟国家合办数字文化产业研修班或专业，培育对接东盟文化产业高端人才；制订在东盟国家设立培训与研发基地计划。	6	【工作要点】 教师国际交流每年1次；制定国际化教学标准及人才培养标准2个；与东盟国家合办数字文化产业研修班或专业1个，培育对接东盟文化产业高端人才；在东盟国家设立培训与研发基地1个。	6	【工作要点】 教师国际交流每年1次；制定国际化教学标准及人才培养标准2个；与东盟国家合办数字文化产业研修班或专业1个，培育对接东盟文化产业高端人才；在东盟国家设立培训与研发基地1个。	6	

续表

一级指标	二级指标	三级指标	2019年自评分	2020年主要建设内容	2020年目标分	2021年主要建设内容	2021年目标分	2022年主要建设内容	2022年目标分	备注
6. 质量效益（40分）	6-5 国际化办学	职业教育“走出去”	6	【考核要点】 1. 合办专业协议及用人协议，落实情况证明。 2. 教学标准被采用证明或者使用证明。 3. 获奖证明，或媒体正面报道，或领导正面批示、表扬证明	6	【考核要点】 1. 合办专业协议及用人协议，落实情况证明。 2. 教学标准被采用证明或者使用证明。 3. 获奖证明，或媒体正面报道，或领导正面批示、表扬证明	6	【考核要点】 1. 合办专业协议及用人协议，落实情况证明。 2. 教学标准被采用证明或者使用证明。 3. 获奖证明，或媒体正面报道，或领导正面批示、表扬证明		
总分			190. 2		195. 2		199		200	

七、专业带头人简况

姓名	张建德	性别	男	出生年月	1974年12月
专业技术职务	正高级讲师	研究（技术）专长	信息技术职业教学教研		
人才称号	广西特级教师	最高学历/学位	研究生班/工学学士		
工作单位（至院、系）	广西华侨学校信息技术专业科				

当前主要学术或社会兼职（限3项）	兼职单位	担任职务
	广西计算机动漫与游戏制作职教集团	秘书长
	广西电子信息行业职业教育教学指导委员会计算机类专指委	委员
	广西中小学教师信息技术应用能力提升工程2.0专家委员会	委员

近五年最具代表性成果（限5项）	成果名称（获奖、论文、专著、发明专利、咨询报告、规划设计等）	获奖名称、等级；刊物名称；出版单位；专利授权号；采纳部门；评审单位	时间	本人排名情况
	教改成果《中职动漫专业“一轴两翼三层递进引导式”人才培养模式的研究与实践》	广西职业教育自治区级教学成果三等奖	2017年8月	主持人
	教改成果《搭建校企合作平台，构建人才培养新模式》	第七届广西中职教改成果优秀成果二等奖	2013年1月	排名第二
	论文《现代信息技术条件下广西中职动漫专业人才培养的研究》	中国计算机学会职业教育专业委员会第15届年会优秀论文二等奖；发表在山西省教育厅《新课程学习》上	2014年7月	排名第二
	教材《影视后期制作》	电子工业出版社出版，ISBN9787121298967	2018年9月	排名第二
	原创动画片《铜鼓奇缘》发行许可证	国家新闻出版广电总局颁发	2019年3月	总策划、总监制

近五年最具代表性科研项目、课题（限5项）	名称	来源	经费（万元）	本人担任情况
	广西职业教育计算机动漫与游戏制作专业发展研究基地	广西教育厅	20	主持人
	教改立项“基于（名师工作坊）职教骨干师资团队建设的研究与实践”	广西教育厅	3	主持人
	教改立项“中职学校（区域共享型）职教集团化办学模式的研究与实践”	广西教育厅	1	第一参与人
	教改立项“计算机动漫与游戏制作专业品牌课程与教学资源库建设”	广西教育厅	8	第一参与人
	教改立项“以工作过程知识竞赛为载体的中职教学模式改革实践与研究”	广西教育厅	1	第一参与人

八、专业骨干教师名单

序号	姓名	出生年月	学科方向	最高学历	学位	职称	人才称号
1	张建德	1974. 12	动漫	研究生班	学士	正高级讲师	广西特级教师
2	李想	1982. 07	动漫	研究生班	学士	高级讲师	广西中职名师工程学员
3	林翠云	1980. 10	平面设计	研究生班	学士	高级讲师	广西中职名师工程学员
4	李德清	1982. 11	动漫	研究生班	学士	讲师	
5	闭东东	1982. 11	动漫	研究生班	学士	讲师	
6	金庆杰	1982. 09	动漫	研究生班	学士	讲师	
7	王国仁	1960. 11	动漫	本科	学士	中级	
8	蒙守霞	1981. 08	平面设计	研究生班	学士	高级讲师	广西中职名师工程学员
9	沈悦	1982. 04	平面设计	研究生班	学士	讲师	
10	董星华	1981. 10	平面设计	研究生班	学士	讲师	
11	叶嘉成	1982. 10	平面设计	研究生班	学士	讲师	
12	程超英	1983. 12	平面设计	研究生班	学士	讲师	
13	吴小梅	1985. 03	建筑装饰	研究生班	学士	讲师	
14	甘棉	1981. 12	网络技术	研究生班	学士	高级讲师	
15	黎枫	1982. 02	网络技术	研究生班	学士	高级讲师	
16	谭佳嘉	1980. 11	网络技术	研究生班	学士	高级讲师	
17	邓国俊	1985. 01	网络技术	研究生班	学士	讲师	
18	罗益才	1979. 01	网络技术	研究生班	学士	讲师	
19	龙洁	1986. 12	网络技术	研究生班	学士	讲师	
20	王玉敏	1987. 02	网络技术	研究生班	学士	讲师	
21	范红玲	1970. 06	建筑装饰	本科	学士	高级讲师	
22	黄立文	1967. 09	建筑装饰	本科	学士	讲师	
23	黎余锋	1974. 10	网络技术	研究生班	学士	讲师	
24	莫正桂	1978. 07	网络技术	研究生班	学士	高级讲师	
25	周晓凤	1982. 12	建筑装饰	研究生班	学士	讲师	
26	罗俭	1980. 12	电子商务	研究生班	学士	高级讲师	广西中职名师工程学员
27	罗传沛	1978. 12	电子商务	本科	学士	高级讲师	
28	蒙胜仙	1970. 07	电子商务	研究生班	学士	高级讲师	
29	李冬梅	1969. 02	电子商务	研究生班	学士	高级讲师	
30	陈德华	1968. 06	电子商务	研究生班		高级讲师	

续表

序号	姓名	出生年月	学科方向	最高学历	学位	职称	人才称号
31	宁红	1981.01	电子商务	研究生班	学士	高级讲师	
32	卢燕霞	1981.11	电子商务	研究生班	学士	高级讲师	
33	梁华	1983.01	电子商务	研究生班	学士	讲师	
34	黄丽萍	1983.09	电子商务	本科	学士	讲师	
35	唐秋妹	1984.12	电子商务	研究生班	学士	讲师	
36	赵娟娟	1984.11	电子商务	研究生班	学士	讲师	
37	黄杰	1982.11	平面设计	研究生班	学士	讲师	
38	廖琼丽	1983.04	电子商务	研究生班	学士	讲师	
39	李青华	1984.06	电子商务	研究生班	学士	讲师	
40	张茜	1984.07	电子商务	研究生班	学士	讲师	
41	颜静	1987.01	电子商务	研究生班	学士	讲师	
42	杜晋川	1963.05	电子商务	本科		讲师	
43	邓燕	1976.08	电子商务	研究生班		讲师	
44	蒋光朝	1978.02	电子商务	研究生班	学士	讲师	
45	陆潇原	1982.03	电子商务	研究生班	学士	高级讲师	
46	言金霞	1985.10	电子商务	大专		无	
47	杜芹霞	1976.07	电子商务	本科		无	
48	黄春媚	1983.03	动漫	本科	学士	助讲	
49	潘磊磊	1987.05	网络技术	本科		助讲	
50	何欢龙	1988.06	网络技术	本科	学士	助讲	
51	姜洁舢	1971.11	电子商务	大专		中学一级	
52	张敏	1978.06	网络技术	本科	学士	讲师	
53	庞姗	1986.07	电子商务	本科	学士	讲师	
54	杨丽娟	1992.05	电子商务	本科	学士	无	
55	陆英群	1973.11	电子商务	研究生班		无	
56	韦佳翰	1978.08	建筑装饰	大专		助讲	
57	梁凤	1981.11	电子商务	研究生	硕士	无	
58	李森丽	1988.05	动漫	本科	学士	助讲	
59	高彬	1986.01	建筑装饰	本科	学士	讲师	
60	蒙纪元	1984.11	建筑装饰	本科		讲师	

九、经费预算（如表4所示）

表4　经费预算表　　单位：万元

内容＼年度	2020年	2021年	2022年	合计	专业群建设经费来源及预算（财政投入）
合计	150.00	350.00		500.00	500.00
一、专业（群）定位与发展					
（一）专业定位	0	10.00		10.00	
（二）专业发展	0	2.00		2.00	
（三）人才培养	0	1.50		1.50	
（四）产教融合	0	4.00		4.00	
小计	0.00	17.50		17.50	17.50
二、课程建设					
（一）课程体系	0.00	25.00		25.00	
1. 课程设置与开发	0.00	20.00		20.00	
2. 课程标准	0.00	5.00		5.00	
（二）课程管理	0.00	75.00		75.00	
1. 课程教学实施	0.00	10.00		10.00	
2. 教材选用与开发	0.00	65.00		65.00	
小计	0.00	100.00		100.00	100.00
三、师资队伍建设					
（一）专业负责人	0.00	26.50		26.50	
1. 基本条件	0.00	25.00		25.00	
2. 成果与荣誉	0.00	1.50		1.50	
（二）专业教师	0.00	20.00		20.00	
1. 数量结构	0.00	0.00		0.00	
2. 兼职教师	0.00	0.00		0.00	
3. 能力素质	0.00	10.00		10.00	
4. 校企师资共建共享	0.00	10.00		10.00	
小计	0.00	46.50		46.50	46.50
四、教学实训设施					
（一）实训基地	150.00	10.00		160.00	

续表

内容 \ 年度	2020年	2021年	2022年	合计	专业群建设经费来源及预算（财政投入）
1. 校内实训基地	150.00	0.00		150.00	
2. 校外实训基地	0.00	10.00		10.00	
（二）信息化平台建设	0.00	75.00		75.00	
小计	150.00	85.00		235.00	235.00
五、教学与实习组织实施					
（一）教学管理、常规管理	0.00	7.00		7.00	
1. 课堂教学管理	0.00	3.00		3.00	
2. 实习管理	0.00	4.00		4.00	
（二）教学改革	0.00	11.50		11.50	
1. 教学模式改革	0.00	2.00		2.00	
2. 教学管理创新	0.00	3.00		3.00	
3. 教学诊改	0.00	4.00		4.00	
4. 标志性成果	0.00	2.50		2.50	
小计	0.00	18.50		18.50	18.50
六、质量效益					
（一）办学规模	0.00	12.00		12.00	
（二）培养质量	0.00	19.50		19.50	
1. 学生技能竞赛	0.00	4.50		4.50	
2. 学生就业与创业	0.00	15.00		15.00	
3. 职业资格证书（专项能力证书）	0.00	0.00		0.00	
（三）社会服务	0.00	6.00		6.00	
1. 技术服务	0.00	6.00		6.00	
2. 典型示范	0.00	0.00		0.00	
（四）脱贫攻坚	0.00	3.00		3.00	
（五）国际化办学	0.00	42.00		42.00	
小计	0.00	82.50		82.50	82.50

说明：根据建设内容自行确定。一级类别为大类，二级类别为具体项目，可参照表中示例。

附件：

申报学校联系人信息表

学校名称（公章）：

学校名称	联系人	职务	联系电话	电子邮箱	备注
广西华侨学校	张建德	信息科主任	15977480686	15915069@ qq. com	

填报人：张建德　　　　　　填报日期：2019 年 12 月 19 日

第二章　计算机动漫与游戏制作专业及专业群发展研究基地建设工作总结

项目名称	广西职业教育计算机动漫与游戏制作 专业及专业群发展研究基地
立项类别	中职（√）高职（　）
立项级别	自治区级专项
项目主持人	张建德
项目参与人	陈锐亮、林翠云、李想、李斌、潘汝春、郭辉、吴家宁、覃海川、罗益才、李德清、蒙守霞、韦佳翰、梁文章、杨砚涵、潘波
起止时间	2019 年 4 月—2022 年 4 月
学校名称	广西华侨学校
通信地址	南宁市清川大道 1 号
邮政编码	530007
联系电话	15977480686
E-mail	15915069@ QQ. COM
填表时间	2022 年 9 月

广西壮族自治区教育厅印制

一、 基地基本信息

根据桂教职成〔2018〕65号《自治区教育厅关于公布广西职业教育第二批专业发展研究基地名单的通知》，广西华侨学校正高级讲师张建德担任主持人的“广西职业教育计算机动漫与游戏制作专业及专业群发展研究基地”入选广西职业教育第二批专业发展研究基地。

广西职业教育计算机动漫与游戏制作专业及专业群发展研究基地所属的专业大类为信息技术专业。

二、 专业群构成及其逻辑关系

根据桂教职成〔2019〕53号《自治区教育厅关于公布第二批自治区示范性职业教育集团名单的通知》，广西华侨学校牵头组建的广西计算机动漫与游戏制作职教集团（以下简称广西动漫职教集团）入选第二批自治区示范性职业教育集团；根据桂教职成〔2020〕8号《自治区教育厅关于公布广西中等职业学校品牌专业建设名单的通知》，广西华侨学校计算机动漫与游戏制作专业入选品牌专业建设名单。

利用广西华侨学校所拥有的广西中职品牌专业建设和广西示范性职业教育集团的办学平台优势，更好发挥专业群发展研究基地的示范辐射作用，分别遴选广西动漫职教集团中的优势单位组成项目团队，项目团队由广西华侨学校担任主持单位，广西物资学校、广西纺织工业学校、南宁第一职业技术学校、南宁第三职业技术学校、南宁第六职业技术学校、南宁职业技术学院等院校，广西卡斯特动漫有限公司、南宁格美数字科技有限公司、超星集团广西分公司等企业，以及广西动漫协会等行业机构作为主要参与单位。结合项目实际和学校专业实际，项目团队对本项目的专业群构成及其逻辑关系进行重新梳理、论证如下：

计算机动漫与游戏制作专业群是广西华侨学校龙头专业群，紧密对接数字文化产业发展需求侧重点岗位群，整合学校优势专业资源，由计算机动漫与游戏制作（核心专业）以及计算机平面设计、建筑装饰（室内设计方向）、数字媒体技术应用、计算机网络技术、电子商务等5个骨干专业构成（如图1所示），服务广西区域经济社会发展和数字文化产业转型升级。专业群将跨领域合作，与学校商务泰语和越语等小语种专业合作，面向东盟输出数字文化产业人才和数字文化产品。

（一）专业群人才培养对接数字文化产业全产业链重点岗位群

计算机动漫与游戏制作专业群对接数字文化产业链重点岗位群中的项目策划设计岗位群（产业链上游）、项目生产制作岗位群（产业链中游）、项目运营推广岗位群（产业链下游），专业群与产业链重点岗位群形成对接关系（如图2所示），为产业链不同位置的中小微企业培养能从事跨技术领域的产品研发和创新的复合型技术技能人才。

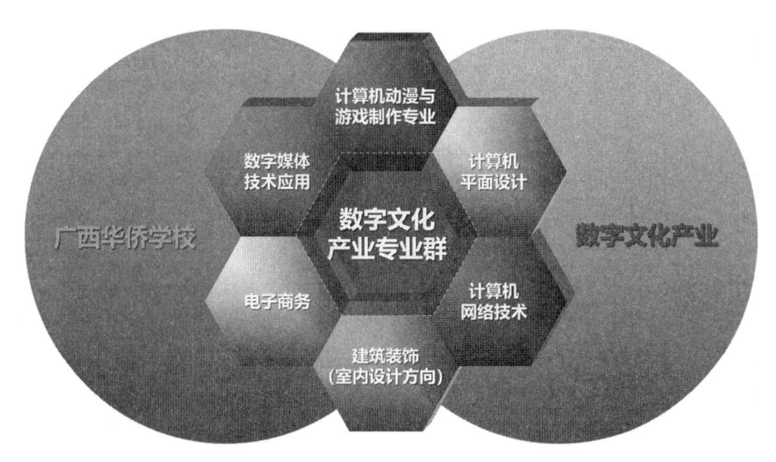

图 1 计算机动漫与游戏制作专业群构成示意图

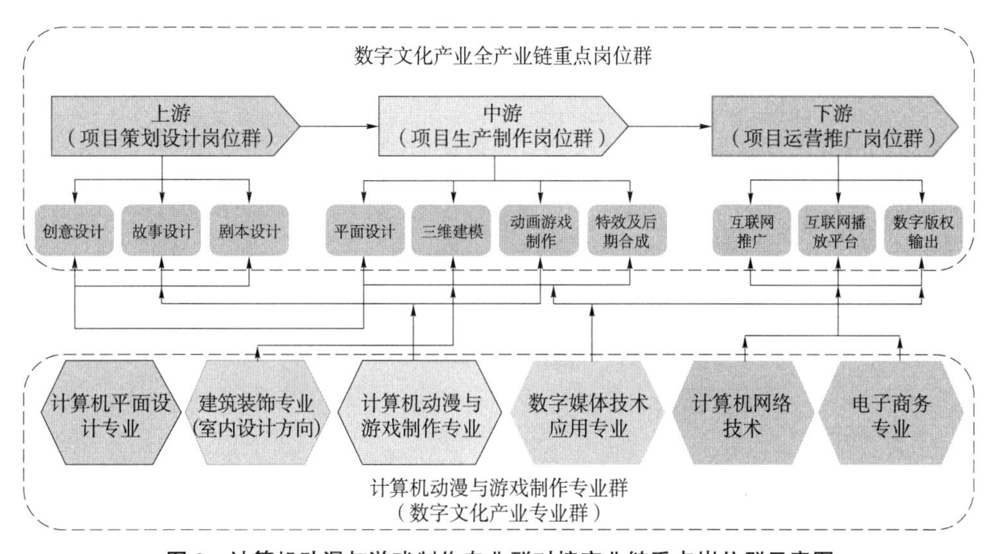

图 2 计算机动漫与游戏制作专业群对接产业链重点岗位群示意图

（二）专业群人才培养定位

立足广西、辐射西部、面向东盟，专业群可以针对西部地区、东盟国家数字文化产业需求侧特点，为数字文化全产业链重点岗位群（如图 3 所示）培养美术设计师、平面设计师、动画设计师、游戏 UI 设计师、3D 动画师、二维动画师、广告设计师、影视后期合成师、摄影师、录音师、多媒体作品制作员、计算机乐谱制作师、音响调音员、电子商务人员、网络营销员、网络广告员等复合型高素质创新技术技能人才。在产业链不同阶段企业中，这些岗位的技术技能知识点具有 75%~85%相同。

（三）专业群的逻辑关系

专业群服务数字文化全产业链，群内各专业具有基础相通、资源共享、岗位相关、优势互补、互相促进、协调发展的耦合关系（如图 4 所示），自然形成一个有机整体，专业

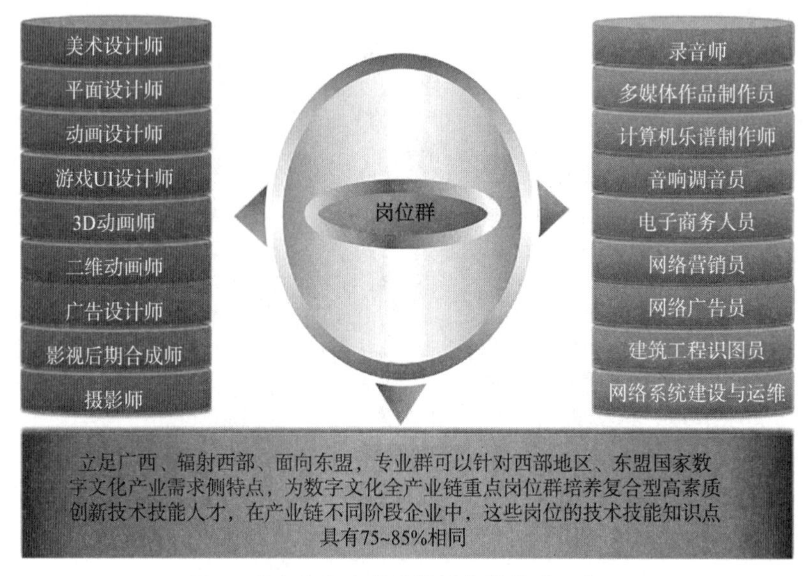

图 3　数字文化全产业链重点岗位群示意图

群资源聚集度高、融合性强，服务定位准、集群效应明显。

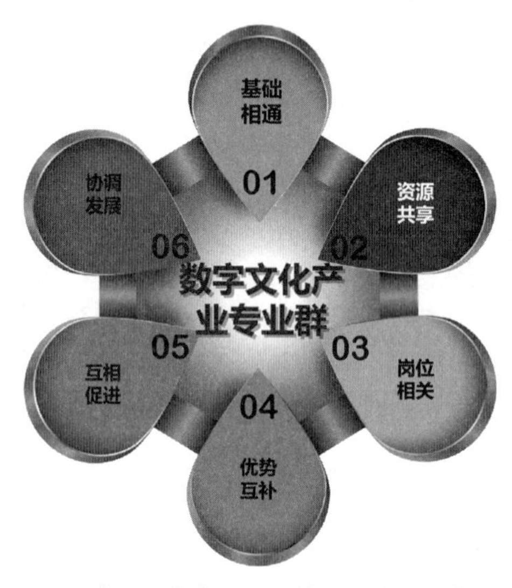

图 4　专业群各专业之间的相连关系示意图

（1）基础相通：群内各专业的公共课程、专业基础课程具有较高的相通性，共用专业群平台课程。

（2）资源共享：群内各专业在师资队伍、教学资源、实训基地、仪器设备、合作企业、技术研发等方面可以实现高度资源共享互用。

（3）岗位相关：具有相同的专业文化属性和行业产业背景，群内各专业对应的岗位，在职业素养、基础技能等方面具有较强的相关性，有利于提高学生的岗位适应能力和迁移能力。

（4）优势互补：各专业在产教融合、校企合作中充分发挥人才、技术、设备、资源的优势，各取所长，实现优势互补。

（5）互相促进：群内各专业领域新技术、新工艺的出现，都会带动其他领域的技术革新，推动人才培养质量的提升，从而形成良性循环。

（6）协调发展：围绕数字文化全产业链需求，群内各专业可以实现优势互补、协同发展，产生较强的资源集群效应。

基于数字文化产业链条上相互关联的职业岗位群，专业群通过多维度、深层次产教融合，实现了人才链与产业链的精准匹配，提高了专业群建设的内在动力和外在活力，达到了培养复合型高素质技术技能人才的目标。

三、过程工作情况

（一）基地建设方案制定过程及落实情况

从第一批研究基地申报开始，广西华侨学校信息技术专业科就召集各专业负责人对所辖专业进行论证，对照文件要求明确专业群的优势与差距。同时，组织召开6次广西动漫职教集团常务理事会，对动漫专业群的建设发展及面临的机遇与挑战进行分析，达成工作共识。经过专业团队和职教专家多次修改，最终形成基地建设方案。

从2018年12月至今，项目团队依托广西动漫职教集团的工作平台，有针对性地对我区职业教育动漫专业改革与发展中遇到的重点、难点问题进行研究；在动漫专业群建设、人才培养模式、课程体系构建等方面开展研究与实践；同时，跟踪国内外专业改革与发展最新动态，学习借鉴先进经验，开展专业发展比较研究。

（二）基地建设资金筹措及使用情况

2019年4月，广西职业教育计算机动漫与游戏制作专业及专业群发展研究基地建设资金获得广西教育厅支持经费20万元。使用情况如表1所示。

表1　基地建设资金使用情况

序号	时间	内容	经费（元）	备注
1	2019年4月25日	组织召开项目开题会，发放专家指导费	10 650	专家3人，每人每学时500元每学时，6个学时，税前每人3 550元
2	2019年9月25日—2019年9月27日	组织项目核心成员，前往桂林2家国家级认证动漫企业开展调研	4 724	张建德、林翠云、李德清、闭东东
3	2019年10月12日	组织召开广西动漫职教集团会议，专题研讨研究基地建设有关事宜	10 000	15所学校、14家企业70多人参会

续表

序号	时间	内容	经费（元）	备注
4	2019年11月2日—2019年11月6日	组织项目核心成员前往厦门4家企业、2所学校考察调研	12 632	张建德、李德清、金庆杰、叶嘉成
5	2019年11月27日—2019年11月29日	参加全国中职动漫教育联盟2019年年会	5 474	张建德、韦佳翰
6	2019年12月	开发动漫专业3门核心课程一体化教学工作页教材（数字教学资源）及10篇论文发表版面费	156 000	与广西卡斯特动漫有限公司、超星集团广西分公司合作
7	2019年12月	购买存储资料用的32G的U盘10个	672	
小计			200 152	

2020年8月，第二批自治区示范性职业教育集团广西动漫职教集团获得专项建设经费100万元，经职教集团常务理事会研究决定，从此项经费中支出20万元作为广西职业教育计算机动漫与游戏制作专业及专业群发展研究基地建设经费，计划支出情况如表2所示。

表2　基地建设资金计划支出情况

序号	时间	内容	经费（元）	备注
1	2020年8月—2022年8月	正式出版动漫专业3门核心课程一体化教学工作页教材（数字教学资源）	150 000	《动漫美术基础》《三维动画制作3DSMAX》《影视后期合成》
2	2020年8月—2022年12月	正式出版动漫专业群建设成果汇编（专著）	50 000	《讲好中国故事传播中华文化》（暂定名）
小计			200 000	

（三）基地建设进度计划及执行情况

广西职业教育计算机动漫与游戏制作专业及专业群发展研究基地依托广西动漫职教集团的工作平台优势，发挥校企资源优势，参与共研共建的单位达10家，其中4家文化企业、6所中职学校，核心参与单位有广西华侨学校、广西纺织工业学校、南宁市第三职业技术学校、南宁市第六职业技术学校、广西物资学校和广西卡斯特动漫有限公司、超星集团广西分公司。

基地建设采用子项目负责制，发挥参与学校的专业优势，分别由广西华侨学校（动漫制作前期）、广西纺织工业学校（动漫制作中期）、南宁市第三职业技术学校（动漫制作后期）各自负责开发1门核心课程的工作页教材（数字教学资源）；超星集团广西分公司负责微课子项目制作；广西卡斯特动漫有限公司、南宁格美数字科技有限公司负责提供技术支持和工作页、微课等项目素材。

建设团队坚持每月召开工作会议，主要内容为学习交流、专题培训和项目进度汇报，截至目前共召开专题会议12次，解决共性问题，形成工作合力，按计划有效地推进建设任务。基地建设进度计划及执行情况如表3所示。

表3　基地建设进度计划及执行情况

序号	建设时间	建设进度计划	完成情况
1	2019年4月25日	组织召开项目开题会	已完成
2	2019年5月	计算机动漫与游戏制作专业及专业群发展研究基地建设方案	已完成
3	2019年9月25日—2019年9月27日	前往桂林2家国家级认证动漫企业开展调研	已完成
4	2019年10月12日	组织召开广西动漫职教集团会议，专题研讨研究基地建设有关事宜	已完成
5	2019年11月2日—2019年11月6日	前往厦门4家企业、2所学校考察调研	已完成
6	2019年11月27日—2019年11月29日	参加全国中职动漫教育联盟2019年年会	已完成
7	2020年4月18日	项目推进会，明确主要任务及时间表	已完成
8	2020年5月17日	项目推进会，微课制作专题培训	已完成
9	2020年6月20日	项目推进会，团队建设专题培训	已完成
10	2020年8月1日	项目推进会，明确工作页文本体例等工作要求	已完成
11	2019年12月—2022年8月	开发、出版动漫专业3门核心课程一体化教学工作页教材（数字教学资源）	已完成
12	2019年12月—2022年12月	编写、出版正式出版动漫专业群建设成果汇编（专著）	进行中
13	2018年12月—2022年12月	公开发表10篇有关专题论文	已完成
14	2022年12月	计算机动漫与游戏制作专业及专业群建设调研报告	进行中
15	2022年12月	计算机动漫与游戏制作专业及专业群人才培养模式	进行中
16	2022年12月	计算机动漫与游戏制作专业及专业群发展研究基地研究报告	进行中
17	2022年12月	计算机动漫与游戏制作专业及专业群发展研究基地系列运行机制	进行中
18	2022年12月	做好结题验收准备	进行中

四、 研究任务完成情况

（一）与进度计划相应的阶段性成果获得情况

1. 组建了建设团队，初步形成了常态化工作机制

广西职业教育计算机动漫与游戏制作专业及专业群发展研究基地依托广西动漫职教集团的工作平台优势，发挥校企资源优势，基地建设采用子项目负责制，建设团队坚持每月召开工作会议，初步形成了常态化工作机制。

2. 完成了区内外调研，抽样收集了专业群建设基本情况

从2019年9月—2020年8月，项目团队分别前往桂林、厦门及南宁开展企业调研，同时召开专题研讨会，共抽样填写企业问卷9份，有关学校教师代表问卷22份、学生代表问卷98份，获得了企业及学校师生对动漫专业人才需求及培养的相关基础数据。

（二）专业群核心课程一体化教学工作页开发及推广情况

广西职业教育计算机动漫与游戏制作专业及专业群发展研究基地基于动画片制作的前期、中期及后期的工作过程特点，分别遴选3门核心课程开发一体化教学工作页及教学资源，并结合广西动漫职教集团学校单位的专业团队的意愿和优势组建子项目团队。工作页开发情况如表4~表6所示。

表4　“动画美术基础”课程工作页开发情况

负责学校：广西华侨学校　　　　完成情况：已完成

序号	内容类别	数量	备注
1	一体化教学工作页	1份	
2	配套电子课件	15个	
3	配套教学微课	2个	超星公司广西分公司协助
4	配套学习素材	6份	广西卡斯特动漫有限公司协助

表5　“三维动画制作3ds Max”课程工作页开发情况

负责学校：广西纺织工业学校、南宁市第六职业技术学校、广西物资学校　　　　完成情况：已完成

序号	内容类别	数量	备注
1	一体化教学工作页	1份	
2	配套电子课件	15个	
3	配套教学微课	2个	超星公司广西分公司协助
4	配套学习素材	10份	广西卡斯特动漫有限公司协助

表6　“影视后期剪辑”课程工作页开发情况

负责学校：南宁市第三职业技术学校　　　　　完成情况：已完成

序号	内容类别	数量	备注
1	一体化教学工作页	1份	
2	配套电子课件	20个	
3	配套教学微课	2个	超星公司广西分公司协助
4	配套学习素材	20份	广西卡斯特动漫有限公司协助

2022年1月，广西教育厅公布“十四五”首批职业教育国家规划教材拟推荐名单，《动画美术基础》《三维动画制作3ds Max》《影视后期剪辑》入选“十四五”职业教育国家规划教材拟推荐名单（中职组）。目前，正在按照教育部和出版社的修订意见，优化教材。2022年5月，广西教育厅公布“十四五”首批自治区职业教育规划教材立项名单，《动漫美术基础》入选“十四五”首批自治区职业教育规划教材立项名单（中职）。上述教材在项目参与学校推广试用，深受师生欢迎，提高了教学质量。

（三）有关研究论文及研究报告发表情况

广西职业教育计算机动漫与游戏制作专业及专业群发展研究基地是第二批专业发展研究基地，正在研究实施，研究报告正在收集整理有关材料。同时，项目团队以问题为导向，结合自身专业特点及日常教育教学发现的问题撰写发表了有关论文10篇。研究论文和研究报告发表情况如表7和表8所示。

表7　研究论文发表情况

数量	名称	作者	期刊	时间
1	《基于中职学校信息技术专业群建设的研究——以广西华侨学校为例》	蒙守霞、董星华	《成长之路》	2021年4月
2	《基于中职学校信息技术专业群师资队伍建设的研究——以广西华侨学校为例》	林翠云、张建德	《教师》	2020年11月
3	《中职艺术设计类专业课教学应重视学生的情感体验》	梁薇薇、宋欢	《中国教工》	2020年9月
4	《让传统文化“流行”起来——浅谈中职计算机艺术设计课堂中的传统文化教育》	梁薇薇、刘建宏	《当代教育家》	2020年第6期
5	《融合广西民族元素的情境创设在动漫专业一体化教学工作页的应用》	于虹、张建德	《广西教育》	2021年第14期
6	《谈中职动漫教育三维动画制作课程的实践探索》	李德清	《发明与创新》	2021年2月

续表

数量	名称	作者	期刊	时间
7	《移动互联网环境下的动漫创作发展与传播探究》	李德清	《广西教育》	2020 年 12 月
8	《谈中职二维动画制作课程教学实践中 Flash 骨骼制作技术的运用》	李德清、闭东东	《发明与创新》	2021 年 8 月
9	《高职动画视听语言课程教学改革的研究与实践》	张建德	《新教育时代》	2022 年第 6 期
10	《民俗文化元素在动画造型基础课程教学中的应用与研究》	张建德	《新课程教学》	2022 年第 6 期

表 8　研究报告发表情况

数量	名称	作者	期刊	时间
1	《广西数字文化产业专业群建设现状研究》	蒙守霞、林翠云、梁文章	《速读》	2021 年 1 月

（四）应兼具理论研究成果及其转化和实践效果

广西职业教育计算机动漫与游戏制作专业及专业群发展研究基地是第二批专业发展研究基地，从 2019 年 4 月开题至今，坚持“校企合作，项目引领，携手共进”的工作原则，取得了阶段性的研究成果。成果情况如表 9 所示。研究团队主要成员发展情况如表 10 所示。

五、 服务能力

广西职业教育计算机动漫与游戏制作专业及专业群发展研究基地有针对性地对我区职业教育计算机动漫与游戏制作专业及专业群改革与发展中遇到的重点、难点问题进行了研究，探索了具有广西特色的人才培养模式，实现了专业群资源共享，引领我区职业教育专业改革与发展。首先，项目团队由广西中职动漫专业实力较强的院校和企业组成，具有广泛的代表性；其次，通过参与学校的子项目负责制，召开工作例会，形成服务交流工作机制；同时，项目支持人多次受邀分享、指导有关院校的专业建设工作，深受好评。

2021 年 1 月 8 日，广西中等职业教育专业群发展研讨会在南宁市明园酒店大礼堂隆重召开。研讨会由广西职业教育发展研究中心主办，南宁市第一职业技术学校承办。全区 72 所中职学校的校长、教学副校长、教务处主任、教研室主任、专业部主任、专业发展研究基地负责人、专业带头人及相关骨干教师等 376 人参加交流研讨，广西华侨学校的张建德老师对该校动漫专业群发展研究基地建设的经验进行分享。

表 9　成果情况

单位名称	序号	类别	时间	主要参与人员	项目名称	情况	认定单位
广西华侨学校	1	教学成果	2021	张建德、陈锐亮等	基于产业链的动漫职教集团校际专业共同体建设的研究与实践	2021 年广西职业教育自治区级教学成果二等奖	广西区人民政府
	2	重点教改项目	2021	张七文、林翠云等	利益相关者视角下的中职教育集团化办学模式研究与运行策略——以广西动漫职教集团实体化运作为例	在研	广西教育厅
	3	重点教改项目	2022	何晓明、林翠云等	基于民族工艺传承创新的中职学校“互联网+手作工坊”教学模式研究与实践	在研	广西教育厅
	4	重点教改项目	2020	张建德、林翠云等	基于“名师工作坊”职教骨干师资团队建设的研究与实践	结题	广西教育厅
	5	重点教改项目	2020	张建德、陈锐亮等	中职学校“区域共享型”职教集团化办学模式的研究与实践	结题	广西教育厅
	6	一般教改项目	2020	蒙守霞、张建德、罗满等	“一体两翼、四方驱动”的政校企行协同的数字文化产业专业群人才培养模式研究与实践	一般立项	广西教育厅
	7	重点教改项目	2020	林翠云、张建德、罗满等	“三教改革”视域下面向信息化 2.0 中的教学团队建设模式研究与实践——以林翠云“数字文化名师工作坊”教学团队为例	重点立项	广西教育厅
	8	一般教改项目	2019	林翠云、李德清等	依托校企合作基于慕课平台的中职动漫专业精品微课程建设	结题	广西教育厅

续表

单位名称	序号	类别	时间	主要参与人员	项目名称	情况	认定单位
广西纺织工业学校	1	重点教改项目	2020	兰翔、于虹、雷抗等	中职计算机应用专业群（虚拟现实方向）“赛教互融、专业联动、产教融合”人才培养模式研究与实践	重点立项	广西教育厅
	2	一般教改项目	2022	陈黔、雷敏、于虹等	广西非遗元素融入中职“室内设计”课程实训教学的探索与研究	结题	广西教育厅
南宁市第三职业技术学校	1	教改项目	2019	梁薇薇等	南宁市教育科学“十三五”规划立项项目“微课在中职计算机艺术设计专业课程教学中的应用研究”	结题	南宁市教育科学研究所
广西华侨学校	1	技能比赛	2022	蒙守霞	广西职业院校技能大赛中职组“计算机平面设计”	一等奖	广西教育厅
	2	技能比赛	2021	蒙守霞	广西教学能力大赛课堂教学专业课程组	二等奖	广西教育厅
	3	技能比赛	2019	李德清	广西中职虚拟现实制作与运用	一等奖	广西教育厅
	4	技能比赛	2019	金庆杰	广西中职数字影音后期制作技术	三等奖	广西教育厅
	5	技能比赛	2019	潘伟	广西中职动画片制作与 VR 设计	二等奖	广西教育厅
	6	技能比赛	2019	韦俊文	广西中职动画片制作与 VR 设计	三等奖	广西教育厅

续表

单位名称	序号	类别	时间	主要参与人员	项目名称	情况	认定单位
广西纺织工业学校	1	技能比赛	2022	于虹	广西职业院校技能大赛中职组“动画片制作与VR设计”	一等奖	广西教育厅
	2	技能比赛	2022	于虹	广西职业院校技能大赛中职组“计算机平面设计”	一等奖	广西教育厅
	3	技能比赛	2019	蔡紫涵、秦鲜	全国职业院校技能大赛中职组“虚拟现实（VR）制作与应用”团体赛	二等奖	全国职业院校技能大赛组织委员会
	4	技能比赛	2019	蔡紫涵 秦鲜	广西职业院校技能大赛中职组“动画片制作与VR设计”	一等奖 二等奖	广西教育厅
	5	技能比赛	2019	蔡紫涵	广西中职教师技能比赛“虚拟现实制作与应用”	一等奖	广西教育厅
	6	技能比赛	2019	蒋晶晶、于虹	广西职业院校技能大赛中职组“计算机平面设计”	一等奖 二等奖	广西教育厅
	7	技能比赛	2019	秦鲜等	2019年广西职业院校教学能力大赛中职组微课教学赛项	三等奖	广西教育厅
	8	技能比赛	2020	于虹等	广西职业院校教学能力大赛“课堂教学”	三等奖	广西教育厅
南宁市第三职业技术学校	1	技能比赛	2020	梁薇薇	2020年广西职业院校教学能力大赛课堂教学赛项	一等奖	广西教育厅
	2	技能比赛	2109	刘建宏	2019年广西职业院校技能大赛职业院校教学能力比赛微课项目	二等奖	广西教育厅
	3	技能比赛	2019	宋欢	广西职业院校技能大赛“动画制作与VR设计”	二等奖	广西教育厅
	4	技能比赛	2019	宋欢	2019年广西职业院校信息化教学能力大赛微课教学项目	二等奖	广西教育厅

表 10　研究团队主要成员发展情况

序号	姓名	单位	发展情况	时间
1	张建德	广西华侨学校	获评广西特级教师	2019 年 9 月
2	林翠云	广西华侨学校	晋升正高级讲师	2021 年 12 月
			获评广西特级教师	2022 年 9 月
3	兰翔	广西纺织工业学校	晋升正高级讲师	2021 年 12 月
4	于虹	广西纺织工业学校	晋升正高级讲师	2021 年 12 月
			获评广西特级教师	2022 年 9 月
5	梁薇薇	南宁市第三职业技术学校	晋升高级讲师	2021 年 12 月

2021 年 11 月 28 日上午，贵港市职业教育中心邀请广西机电职业技术学院张建德教授、包之明教授到校开展计算机平面设计专业（群）发展研究基地建设研讨活动。学校党委书记、校长谈志勇，副校长郑朝阳、项目组成员及部分专业骨干教师参加了研讨。

2022 年 5 月 26 日，广西八桂职教网举办广西中等职业学校优质专业（品牌专业）建设线上研讨交流会，就“中等职业学校优质专业（含品牌专业）建设策略与途径”和“中等职业学校品牌专业（群）+专业群发展研究基地建设实践”两项内容进行深入探讨。来自广西工商技师学院、广西商业学校、广西百色农业学校、广西物资学校、南宁市第一职业技术学校、广西钦州商贸学校等学校的 1 000 多人参会，参会人员有校长、教学副校长、教务处主任、教研室主任、专业部主任、专业发展研究基地负责人、专业带头人及相关骨干教师等。

会议邀请广西交通职业技术学院副院长陈正振、广西机电职业技术学院教授张建德担任主讲嘉宾。关于如何做好品牌专业（群）和专业群发展研究基地建设，张建德分别从项目建设背景、项目建设概况、项目建设目标与思路、项目建设实践与举措、项目建设新成效、项目建设思考六个方面进行探讨，并给出专业群建设的六个基本路径：精准把握品牌专业（群）建设内涵、确定人才培养目标和规格、创新人才培养模式、专业人才培养方案开发、加强师资队伍建设、体制机制建设与质量控制。

六、问题与改进

（一）基地建设成效及经验

1. 组建了建设团队，初步形成了常态化工作机制

广西职业教育计算机动漫与游戏制作专业及专业群发展研究基地依托广西动漫职教集团的工作平台优势，发挥校企资源优势，基地建设采用子项目负责制，建设团队坚持每月召开工作会议，初步形成了常态化工作机制。

2. 完成了区内外调研，抽样收集了专业群建设基本情况

从 2019 年 9 月—2020 年 8 月，项目团队分别前往桂林、厦门及南宁开展企业调研，同时召开专题研讨会，共抽样填写企业问卷 9 份，有关学校教师代表问卷 22 份、学生代表问卷 98 份，获得了企业及学校师生对动漫专业人才需求及培养的相关基础数据。

3. 巩固了校企合作关系，推动了产教融合工作的深度和广度

广西职业教育计算机动漫与游戏制作专业及专业群发展研究基地依托动漫职教集团的工作平台优势，巩固了校企合作关系，推动了产教融合的“七个共同”工作的深度和广度，为实现多赢打下坚实基础。

（二）基地建设存在的困难和问题及其原因

1. 专业群研究的方法单一，要多样化

从专业群研究现状的分析看，国内关于专业群建设的研究成果理论多于实践，思辨多于实证，因此需要在理论指导下进一步开展实证研究，为专业群建设的实践层面提供借鉴和参照。

2. 专业群研究内容和成果不足或不全面，要多元化展开

现今很多学者对专业群建设的研究内容存在单一性的认识倾向。如有的专业群建设仅仅以“大平台、小模块”课程体系构建为目标，还有较多的是以课程基础、师资团队、实训条件等资源共享为建设目标。但是如何才能提高示范院校对经济社会发展的服务能力呢？这就需要高职院校视具体情况的不同，以多元目标取向及专业的交叉复合为发展方向来组建不同形式的专业群。有的围绕学科基础来构建；有的以复合型人才培养为目标来构建；有的围绕职业岗位群来构建；有的围绕产业链构建链条式专业群；有的依托自身的教学资源，通过营销学中 SWOT 分析来构建专业群。

3. 专业群的研究人员过于缺乏，需要更多的职业院校和行业企业积极参与

目前，专业群的研究人员主要集中在几所院校，不少院校在专业群研究方面尚属空白。专业群建设是学校整体水平和基本办学特色的集中体现，是学校长期生存和发展的可靠保证。因此，各院校要联合行业企业积极参与到适合自己学校特色的专业群建设中去。

（三）下一步工作打算及改进措施

（1）根据项目研究实际，为了鼓励和认可实际参研人员的积极性和已开展的工作，计划调整项目研究团队成员，变更原来申报的人员名单，去除以挂名为主的参与人员，规范开展项目研究实施。

（2）用好有限的经费，进一步做好工作页教材、论文发表和专著的编写、修订和出版工作，坚持实行月例会制度，有效推进项目实施。

（3）筹集经费建设专题项目网站，主动接受监督工作进程，对外展示宣传建设成果，加强示范辐射作用。

（四）有关意见和建议

（1）建议多组织针对性较强的专题培训、学习交流。

（2）建议安排对应的专家一对一指导、跟踪项目实施。

（五）做好项目结题验收的准备工作

项目主持人因个人原因，工作单位由广西华侨学校变更为广西机电职业技术学院，但是项目主体没有改变，并且项目的大部分内容已经完成，同时经费支出也已经完成，因此，主持人将继续带领团队完成后续工作，做好项目结题验收的准备工作。

第三章　教学成果展示

第一节　广西职业教育自治区级教学成果等次评定结果

广西壮族自治区教育厅
广西壮族自治区人力资源和社会保障厅 文件

桂教职成〔2022〕3号

自治区教育厅 自治区人力资源和社会保障厅关于公布2021年广西职业教育自治区级教学成果等次评定结果的通知

各市教育局、人力资源和社会保障局，各有关高等学校，区直各中等职业学校，各行业职业教育教学指导委员会：

为深化职业教育教学改革，进一步提高职业教育人才培养质量，加快我区现代职业教育体系建设，根据《广西壮族自治区教学成果等次评定办法（试行）》，自治区教育厅、人力资源和社会保障厅组织开展了2021年广西职业教育自治区级教学成果等次评定工作，经评定、公示并报自治区人民政府批准，《“产—教—城”融合赋能职业教育高质量发展的创新实践》等10项成果获特等等次，《研究引领·培训赋能·大赛助推·协同创新：中职信息化教学发展模式建构与实践》等80项成果获一等等次，《服务西部陆海新通道，中职学校港口物流专业群人才培养研究与实践》等100项成果获二等等次，现予以公布。

希望获奖单位和个人珍惜荣誉、戒骄戒躁、再接再厉，加强成果的应用转化与推广，发挥示范引领作用，不断取得新成绩。希望全区职业教育工作者认真学习、借鉴获奖成果，大胆改革创新、勇于实践探索，努力创造出一流的教学成果，培养出一流的技术技能人才，为建设新时代中国特色社会主义壮美广西作出新的更大贡献。

附件：1. 2021年广西职业教育自治区级教学成果特等等次名单
2. 2021年广西职业教育自治区级教学成果一等等次名单
3. 2021年广西职业教育自治区级教学成果二等等次名单

广西壮族自治区教育厅

广西壮族自治区
人力资源和社会保障厅
2022年1月27日

序号	成果名称	主要完成人	主要完成单位	类别
36	指向意义学习的中职数学“两对接 三环节”教学模式探索与实践	高晓兵、逯长春、唐雯丽、黄敏、冯芮、张传贵、韦金爱、黄永秋、陈莹、陈丽宁	北部湾职业技术学校、南宁师范大学、河池市职业教育中心学校、贵港市职业教育中心、百色市民族卫生学校、浦北县第一职业技术学校、广西桂林农业学校	中职
37	中职水产养殖专业“一主轴四驱动”产教融合模式助力脱贫攻坚的研究与实践	覃栋明、王佳红、赵彦鸿、关意寅、朱瑜、张秋明、陈秀荔、莫嘉凌、吴群芳、杨明伟、韦恺丽	广西水产畜牧学校、广西壮族自治区水产科学研究院、广西壮族自治区水产技术推广站	中职
38	基于产业链的动漫职教集团校际专业共同体建设的研究与实践	张建德、陈锐亮、陈良、林翠云、罗满、兰翔、邱少清、李斌、李德清、余源、梁文章	广西华侨学校、广西理工职业技术学校、广西卡斯特动漫有限公司、广西计算机动漫与游戏制作职教集团、广西动漫协会	中职
39	中职壮族文化传承教学实践研究	黄祖兴、欧志武、黎厚汉、潘列英、韦海兰、覃正湖、兰洁、李珍、覃耀忠、李利民、郑光波、陆超红	广西民族中等专业学校	中职
40	基于智慧校园的“三位一体”信息化教学管理模式构建与实践	苏福业、雷武逵、马平、谭焱、黄璜、周旋、何玮莎莎、王田、刁剑、李俊达、吴开旭、朱雪琼、钟培军、伍承光、来君、龙振宁	广西机电工程学校、广西塔易信息技术有限公司	中职
41	赋能·升级·激活——中等职业学校“三教”改革的研究与实践	施雯、陈明耀、欧启忠、穆家庆、周济扬、梁丽丽、邱亿、李丹、包书芳、许宜本、莫翠兰、冯丽丽、许承斌、符强、丁莹瑜	北海市中等职业技术学校、广西玉林农业学校、南宁师范大学、广西南宁影轩电子科技有限公司	中职
42	混合式教学背景下中职医学基础课程可视化教学资源开发与应用的研究与实践	袁云霞、王朴、蒋超意、王红梅、刘建楠、梁永坚、王燕虹、马璐洁、宋梅青、陈礼翠	桂林市卫生学校	中职

广西职业教育

自治区级教学成果等次

证书

为表彰2021年广西职业教育自治区级教学成果等次获得者，特颁发此证书。

成果名称：基于产业链的动漫职教集团校际专业共同体建设的研究与实践

完成人：张建德　陈锐亮　陈　良　林翠云
罗　满　兰　翔　邱少清　李　斌
李德清　余　源　梁文章

等　次：二等

证书编号：Z-E-2021038

广西壮族自治区人民政府

第二节　广西优质中职学校和专业建设计划项目名单

广西壮族自治区教育厅
广西壮族自治区人力资源和社会保障厅 文件
广西壮族自治区财政厅

桂教职成〔2023〕45号

自治区教育厅 自治区人力资源社会保障厅 自治区财政厅关于公布广西优质中职学校和专业建设计划项目名单的通知

各市、县（市、区）教育局、人力资源社会保障局、财政局，各有关高等学校，区直各中等职业学校：

为贯彻落实中共中央办公厅和国务院办公厅印发的《关于深化现代职业教育体系建设改革的意见》以及教育部等九部门印发的《职业教育提质培优行动计划（2020—2023）》等文件精神，

自治区教育厅、人力资源社会保障厅、财政厅联合开展了广西优质中职学校和专业建设计划项目申报和遴选工作。

经学校申报、专家评审、结果公示，决定确立柳州市第一职业技术学校、广西机电技师学院（广西机械高级技工学校）等17所学校（其中技工学校3所）、51个专业为广西优质中职学校和专业A类立项建设单位，确立广西华侨学校、广西商业技师学院（广西商业高级技工学校）等55所学校（其中技工学校7所）、110个专业为广西优质中职学校和专业B类立项建设单位，确立南宁市武鸣区职业技术学校、广西电子高级技工学校等19所学校（其中技工学校2所）、19个专业为广西优质中职学校和专业C类立项建设单位。

附件：广西优质中职学校和专业建设计划名单

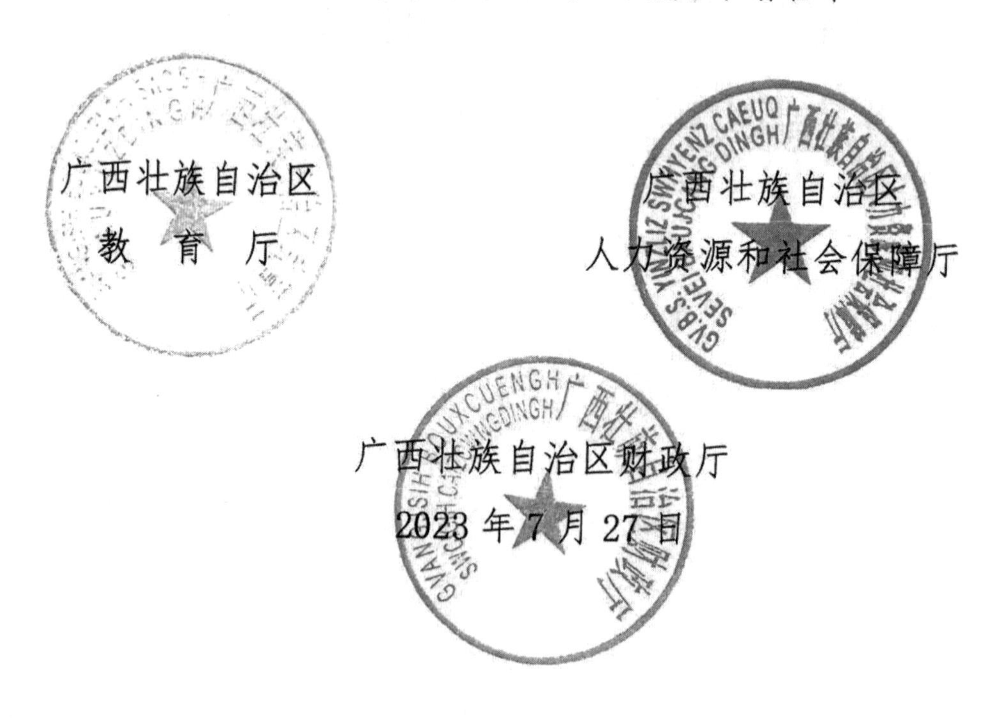

二、B类（中等职业学校）

序号	学校名称	专业一	专业二
1	广西华侨学校	动漫与游戏制作	电子商务（东盟语系新商科方向）
2	广西交通运输学校	新能源汽车运用与维修	船舶驾驶
3	广西城市建设学校	建筑工程施工	建筑工程造价
4	广西水产畜牧学校	淡水养殖	畜禽生产技术
5	广西纺织工业学校	服装设计与工艺	计算机应用
6	广西机电工业学校	数控技术应用	国土资源调查
7	广西中医学校	护理	药剂
8	南宁市第三职业技术学校	计算机应用	中餐烹饪
9	广西右江民族商业学校	计算机平面设计	会计事务
10	柳州市交通学校	汽车运用与维修	船舶驾驶
11	广西商业学校	电子商务	中餐烹饪
12	广西农牧工程学校	畜禽生产技术	宠物养护与经营
13	广西桂林农业学校	休闲农业生产与经营	园艺技术
14	广西梧州农业学校	畜禽生产技术	物流服务与管理
15	广西梧州商贸学校	中餐烹饪	会计事务
16	钟山县职业技术学校	数控技术应用	计算机应用
17	广西第一工业学校	机电技术应用	计算机应用
18	广西壮族自治区体育运动学校	运动训练	休闲体育服务与管理

第三节　2019 年度广西中等职业学校品牌专业建设项目验收结论

广西壮族自治区教育厅

桂教职成〔2023〕47 号

自治区教育厅关于公布 2019 年度广西中等职业学校品牌专业建设项目验收结论的通知

各市教育局，区直各中等职业学校：

为深入贯彻国家和自治区职业教育改革实施方案有关部署要求，根据《自治区教育厅关于开展 2019 年度广西中等职业学校品牌专业建设项目验收工作的通知》（桂教职成〔2023〕1 号）精神，我厅组织开展了 2019 年度广西中等职业学校品牌专业建设项目验收工作。现将验收结论予以公布，并就有关事项通知如下。

一、广西理工职业技术学校的建筑装饰专业等 15 个项目建设专业验收结论为优秀，河池市职业教育中心学校的学前教育专业等 20 个项目建设专业验收结论为良好，广西工业技师学院的焊接技术应用等 7 个项目建设专业验收结论为合格，岑溪市中等专业学校的计算机应用专业等 8 个项目建设专业验收结论为暂缓通过（详见附件）。

二、各市教育局要加强对中等职业学校的管理和指导，加大制度创新、政策供给，加强学校基础能力建设，提升学校内部治理能力，持续提升学校办学水平和办学质量。要协同财政部门加强项目资金管理，明确资金执行要求，加强资金动态监管，确保项目资金发挥效益。

三、各项目学校要进一步加强建设。

（一）牢固树立高质量办学理念，加强现代职业教育质量提升，以高质量标志性成果为抓手，不断完善内部工作机制和治理体系，建立健全内部质量保证体系，提高现代化管理水平和内部治理能力，聚焦优势、特色发展，提升办学质量，彰显品牌专业办学水平。

（二）进一步完善财务管理制度，加强财务管理，规范采购流程，完善资产管理，推进资金绩效管理，防范财务运行安全风险，提升资金使用效益。

（三）深入开展产教融合、校企合作，加强“双师型”教师队伍建设。落实校企合作“七个共同”要求，持续全面优化师资队伍结构，以高标准培养高水平教师，服务学生成长成才、人生出彩。

（四）集中精力打造标志性成果，根据专业特性灵活开展社会服务，强化品牌专业的辐射功能，塑造典型案例，发挥好品牌专业的示范引领作用。

四、暂缓通过的项目学校要加强项目建设，务必于 2023 年 12 月底前完成整改，并主动申请重新验收。整改后验收仍不合格的，我厅将予以通报，约谈责任人，并对专项经费进行调整收回。

附件：2019年度广西中等职业学校品牌专业建设项目验收结论

广西壮族自治区教育厅

2023年8月10日

（此件主动公开）

附件

2019年度广西中等职业学校品牌专业建设项目验收结论

序号	学校	专业（群）	验收结论
1	广西理工职业技术学校	建筑装饰	优秀
2	柳州市第二职业技术学校	服装设计与工艺	优秀
3	南宁市第四职业技术学校	汽车运用与维修	优秀
4	柳州市第一职业技术学校	计算机应用	优秀
5	广西纺织工业学校	计算机应用	优秀
6	广西理工职业技术学校	机电技术应用	优秀
7	广西华侨学校	计算机动漫与游戏制作	优秀
8	广西玉林农业学校	果蔬花卉生产技术	优秀
9	广西城市建设学校	建筑工程施工	优秀
10	广西纺织工业学校	服装设计与工艺	优秀
11	广西机电工程学校	汽车运用与维修	优秀
12	广西机电技师学院	数控技术应用	优秀
13	广西机电技师学院	电气运行与控制	优秀
14	广西商业技师学院	烹饪	优秀
15	广西交通技师学院	汽车检测与维修	优秀
16	河池市职业教育中心学校	学前教育	良好
17	南宁市第六职业技术学校	计算机网络技术	良好
18	柳州市第二职业技术学校	物流服务与管理	良好
19	桂林市卫生学校	护理	良好
20	广西物资学校	物流服务与管理	良好

序号	学校	专业（群）	验收结论
21	柳州市第一职业技术学校	工业机器人应用技术	良好
22	广西中医学校	护理	良好
23	南宁市第四职业技术学校	学前教育	良好
24	南宁市第一职业技术学校	中餐烹饪与营养膳食	良好
25	广西物资学校	电子商务	良好
26	广西交通运输学校	新能源汽车运用与维修	良好
27	广西农牧工程学校	畜牧兽医	良好
28	河池市职业教育中心学校	机电技术应用	良好
29	桂林市旅游职业中等专业学校	旅游服务与管理	良好
30	广西机电工程学校	机电技术应用	良好
31	贵港市职业教育中心	电子电器应用与维修	良好
32	广西工业技师学院	化学工艺	良好
33	广西玉林农业学校	数控技术应用	良好
34	广西商业学校	电子商务	良好
35	广西机电工业学校	数控技术应用	良好
36	广西工业技师学院	焊接技术应用	合格
37	广西百色民族卫生学校	中医康复保健	合格
38	广西机电工业学校	国土资源调查	合格
39	南宁市第一中等职业技术学校	电子商务	合格
40	南宁市卫生学校	护理	合格
41	广西民族中等专业学校	民族音乐与舞蹈	合格
42	广西银行学校	会计	合格
43	岑溪市中等专业学校	计算机应用	暂缓通过
44	北海市中等职业技术学校	旅游服务与管理	暂缓通过
45	北海市中等职业技术学校	中餐烹饪与营养膳食	暂缓通过
46	横县职业教育中心	茶叶生产与加工	暂缓通过
47	昭平县职业教育中心	茶叶生产与加工	暂缓通过

序号	学校	专业（群）	验收结论
48	浦北县第一职业技术学校	机电设备安装与维修	暂缓通过
49	广西银行学校	金融事务	暂缓通过
50	北部湾职业技术学校	机电设备安装与维修	暂缓通过

第四节　工作页教材展示

一、《动漫美术基础》（如图 1~图 3 所示）

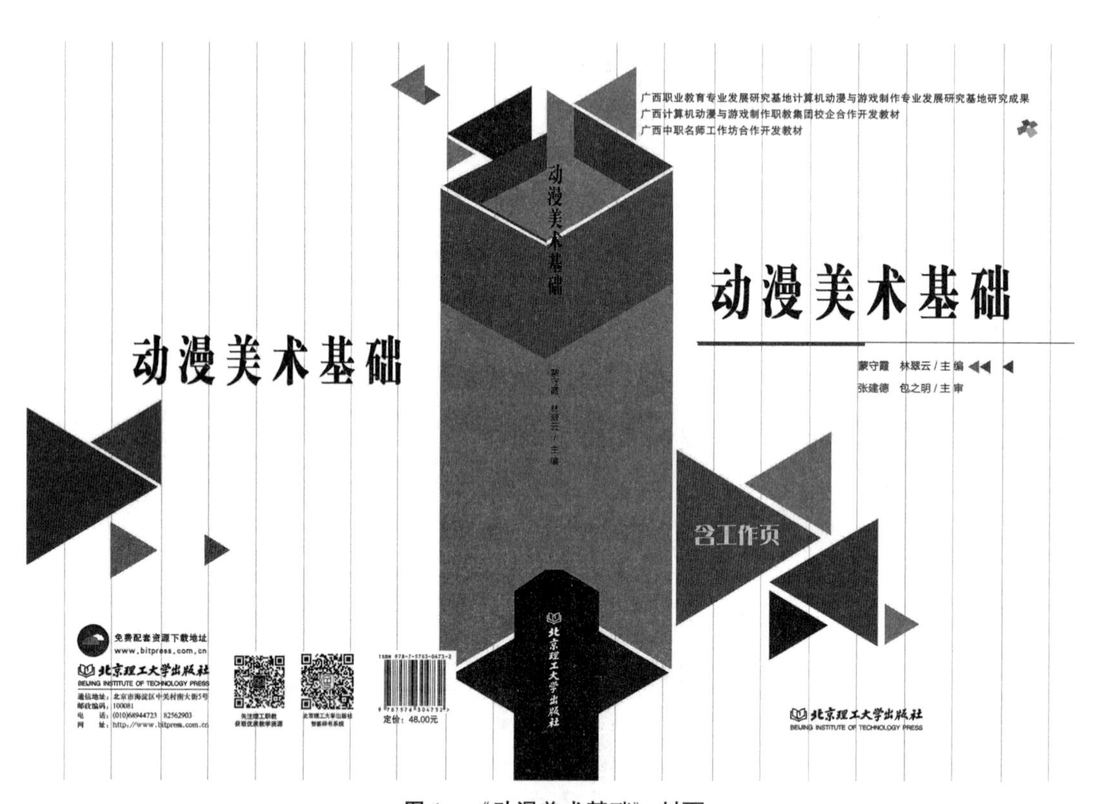

图 1　《动漫美术基础》封面

内容简介

本书根据教育部颁发的《中等职业学校专业教学标准（试行）信息技术类（辑）》中的相关教学内容和要求编写，旨在将初学者领入动漫美术设计的大门，使其了解优秀设计所包含的要素，循序渐进地掌握美术设计的全过程。本书的主要内容包括初识动漫，如何成为一名合格的动漫设计师，认识绘画的基本工具、基本方法和基础绘画，认识动漫设计的构图原则，认识色彩设计与应用，设计动漫美术中的人体，设计动漫美术中的动物和设计动漫美术中的场景。

本书是计算机动漫与游戏制作专业的核心课程教材，既可作为中等职业学校相关专业的教材，又可作为计算机动漫制作人员、动漫爱好者的参考用书。

版权专有　侵权必究

图书在版编目（CIP）数据

动漫美术基础 / 蒙守霞，林翠云主编 . -- 北京：北京理工大学出版社，2021.9

ISBN 978-7-5763-0473-2

Ⅰ. ①动… Ⅱ. ①蒙… ②林… Ⅲ. ①动画－绘画技法 Ⅳ. ①J218.7

中国版本图书馆 CIP 数据核字（2021）第 202189 号

出版发行 / 北京理工大学出版社有限责任公司
社　　址 / 北京市海淀区中关村南大街 5 号
邮　　编 / 100081
电　　话 /（010）68914775（总编室）
（010）82562903（教材售后服务热线）
（010）68944723（其他图书服务热线）
网　　址 / http://www.bitpress.com.cn
经　　销 / 全国各地新华书店
印　　刷 / 定州市新华印刷有限公司
开　　本 / 787 毫米 ×1092 毫米　1/16
印　　张 / 14.5
字　　数 / 225 千字
版　　次 / 2021 年 9 月第 1 版　2021 年 9 月第 1 次印刷
定　　价 / 48.00 元

责任编辑 / 张荣君
文案编辑 / 张荣君
责任校对 / 周瑞红
责任印制 / 边心超

图书出现印装质量问题，请拨打售后服务热线，本社负责调换

图 2　《动漫美术基础》版权页

“动漫美术基础”课程是职业院校计算机动漫与游戏制作专业的一门专业课程。

为了帮助职业院校和培训机的教师系统地讲授这门课程，为了帮助学生和广大读者能熟练掌握动漫美术基础技能，制作出符合实际应用需要的作品，广西省级示范性职教集团广西计算机动漫与游戏制作职教集团，发挥担任广西职业教育计算机动漫与游戏制作专业发展研究基地主持人单位的优势，联合广西中职名师工作坊张建德、包之明、林翠云等三个工作坊为主要编写团队，在充分调研各院校关于这门课程教学改革情况的基础上，结合编者丰富的教学经验和项目制作经验编写了本书。

本书特色

本书内容由浅入深、循序渐进，理论联系实践，侧重对学习感性认识的培养，并根据学生的学习能力及动漫美术的实际需要而设计，分别从专业知识和实践能力两个方面开展教学活动，使学生在提高专业理论知识的同时，达到动手实践、应用的目的。具体来说，本书具有以下几个特点：

· 编写理念——体现立德树人、课程思政，校企双元，产教融合：一是本教材在编写理念上体现立德树人、课程思政。教材将显性的知识技能教育和隐性的价值观传达相统一，形成协同效应，将课程思政内容有机融于知识技能教学中。利用任务情景描述环节培养学生全心全意的服务意识，利用实践探索和项目实施评价培养学生精益求精的工匠意识，利用拓展训练培养学生追求卓越的创新意识，培养德智体美全面发展的高素质技术技能人才。二是教材编写理念上凸显出职业教育的类型教育特点，做到了校企双元，产教融合。通过学校教师编写人员和企业实际使用人员的反复研讨论证确定教材案例、学习领域和学习情境，提炼工作任务。教材以项目为引领，以工作过程逐步融入《动漫美术基础》应用的知识，使教材具有很大的实用性和适应性。

动漫美术基础

· 内容设计——采用标准引领、对接需求，项目载体、任务驱动：教材在内容选取上，对接专业标准、课程标准和国家职业标准，紧扣职业岗位和职业群需求，精准反映产业升级对动漫美术岗位新要求，根据“项目为载体、任务驱动、工作导向”的思路，把动漫美术应用技术的基本知识和基本技能项目化和任务化，将知识点和技能点分解到六项目的十五个工作任务中，将学生的职业素质和职业道德培养落实在每个教学环节中，使学生在做中学，在学中做，做学结合，达到学习目标。

· 呈现形式——突出中职特色，理实结合，学做一体，深动新活：深——教材内容深度开发。立足省情、校情、学情，关注区域产业发展新业态、新模式，积极吸收行业企业参与教材开发，校企联合基于岗位实际工作过程对教学内容进行项目化组织重构，开发紧密贴近企业生产实际需求、注重能力培养的项目化教学内容和教材；结合专业特点，深度挖掘思政教育元素，在教学内容中有机融入劳动教育、工匠精神、职业道德等内容，寓价值观引导于知识传授和能力培养，落实“课程思政”要求。

· 动——教材动起来：教材配套的在线课程网站有丰富的微课、动画等立体化直观化教学资源，赋能线上线下混合教学。

· 新——教材内容新、学习方法新。及时将新技术、新工艺、新规范纳入教材中，使课程内容始终紧跟生产实际和行业的新趋势。

· 活——活页式、手册式：根据产业的发展和职业教育新要求，我们对教材进行升级，将“立德树人、课程思政”有机融合到教材中，开发出版了活页式、手册式并配套信息化内容。

本书读者对象

本书可作为中、高等职业技术院校，以及各类计算机教育培训机构的专用教材，也可供广大初、中级电脑爱好者自学使用。

尽管编写团队在写作本书时已竭尽全力，但书中仍可能会存在问题，欢迎读者批评指正。编者在编写本书的过程中参考与借鉴了大量文献，在此向相关作者致以诚挚的谢意。由于编者水平有限，疏漏和不当之处难免存在，敬请广大读者批评指正。

2

图3 《动漫美术基础》前言

二、《三维动画制作 3ds Max》（如图 4~图 6 所示）

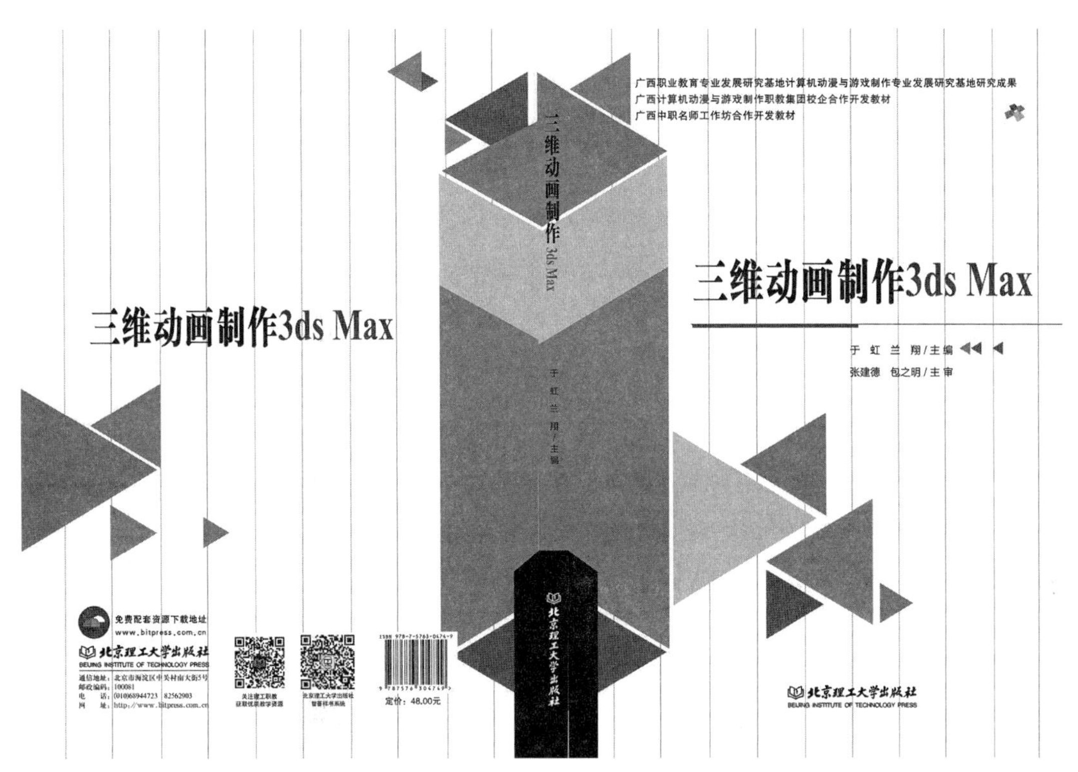

图 4　《三维动画制作 3ds Max》封面

内容简介

本书主要介绍3ds Max软件操作的基础知识，比较系统地介绍该软件的基本使用方法及其与Photoshop等软件的联合应用。全书共6个项目，包括道具制作——壮族文化、场景建模——印象广西、角色制作——壮族女孩、角色骨骼和蒙皮、角色动画、VR初体验。本书以实际任务为例，且每个任务配有知识目标、能力目标、职业素养，方便学生预习，并在必要的地方设置思考题，方便学生掌握所学的知识与技能。通过课程教学，可使学生基本掌握3ds Max软件的操作技能。

本书既可作为计算机动漫与游戏制作专业的专业核心课程教材，也可作为中等职业学校相关专业的教材或计算机动画制作人员、动画爱好者的参考用书。

版权专有　侵权必究

图书在版编目（CIP）数据

三维动画制作 3ds Max / 于虹，兰翔主编 .-- 北京：北京理工大学出版社，2021.9

ISBN 978-7-5763-0474-9

Ⅰ.①三… Ⅱ.①于… ②兰… Ⅲ.①三维动画软件 Ⅳ.①TP391.414

中国版本图书馆 CIP 数据核字（2021）第 202192 号

出版发行 / 北京理工大学出版社有限责任公司
社　　址 / 北京市海淀区中关村南大街 5 号
邮　　编 / 100081
电　　话 /（010）68914775（总编室）
（010）82562903（教材售后服务热线）
（010）68944723（其他图书服务热线）
网　　址 / http://www.bitpress.com.cn
经　　销 / 全国各地新华书店
印　　刷 / 定州市新华印刷有限公司
开　　本 / 787 毫米 ×1092 毫米　1/16
印　　张 / 13.5
字　　数 / 225 千字
版　　次 / 2021 年 9 月第 1 版　2021 年 9 月第 1 次印刷
定　　价 / 48.00 元

责任编辑 / 张荣君
文案编辑 / 张荣君
责任校对 / 周瑞红
责任印制 / 边心超

图书出现印装质量问题，请拨打售后服务热线，本社负责调换

图 5　《三维动画制作 3ds Max》版权页

“三维动画制作”课程是职业院校计算机动漫与游戏制作专业的一门专业课程。3ds Max 2018 是由 Autodesk 公司开发的三维动画制作软件，已经在建筑效果图制作、电脑游戏制作、影视片头和广告动画制作等领域得到了广泛应用，备受影视公司、游戏开发商及三维爱好者的青睐。

为了帮助这些院校和培训机的教师系统地讲授这门课程，为了帮助学生和广大读者能熟练地使用 3ds Max 进行三维动画制作，制作出符合实际应用需要的作品，广西省级示范性职教集团广西计算机动漫与游戏制作职教集团，发挥担任广西职业教育计算机动漫与游戏制作专业发展研究基地主持人单位的优势，联合广西中职名师工作坊张建德、包之明、林翠云等三个工作坊为主要编写团队，在充分调研各院校关于这门课程教学改革情况的基础上，结合编者丰富的教学经验和项目制作经验编写了本书。

本书特色

本书内容由浅入深、循序渐进，理论联系实践，侧重对学习感性认识的培养，并根据中职学生的学习能力及动漫美术的实际需要而设计，分别从专业知识和实践能力两个方面开展教学活动，使学生在提高专业理论知识的同时，达到动手实践、应用的目的。

本书的开发遵循设计导向的职业教育思想，以职业能力和职业素养培养 为重点，根据行业岗位需求及计算机动漫与游戏制作专业教学大纲选取教材内容，根据工作过程系统化的原则设计学习任务，依据人的职业成长规律编排教材内容。

本书采用行动导向教学方法，以及项目引领、任务驱动的编写模式，以“任务”为主线，将“知识学习、职业能力训练和综合素质培养”贯穿于教学全过程的一体化教学模式，让学生在技能训练过程中加深对专业知识、技能的理解和应用，培养学生的综合职业技能，全面体现职业教育的创新理念。 具体来说，本书具有以下几个特点：

1

三维动画制作 3ds Max

• 情境式工作任务引领凸显培养学生职业能力培养：用企业典型的设计项目，融合任务情境和生动的民族文化，串联各项目模块，教材以工作手册式编写，按照“工作任务、学习目标、网上指导、实训过程、拓展训练、学习总结”六环节来实施，体现以学生为主体，以任务作为驱动，将关键知识点和核心技能分解在情境式项目中，突出培养职业技能。

• 配套资源丰富立体，符合混合式课堂教学需要：本书配套信息化教学资源（视频 + 课件）、在线开放课程形式，通过扫描二维码，进入网站学习和下载教学资源，多元化获取知识，进行线上线下混合式教学。实现教学资源信息化、教学终端移动化和教学过程数据化。

• 有机融入国赛标准和内容，准确对接典型岗位职业能力要求：内容融入“三维动画片制作“和”虚拟现实 VR 运用“的国赛赛项标准和内容，动漫行业的岗位技能要求与职业标准对接，助力学生岗位职业能力培养，提高教师信息化教学和带赛能力，扩大学生学习和掌握技能比赛的受益面，也提高教材的普及面。

• 融合民族元素的情境创设在动漫专业一体化教学中的运用：以工作情境为目标创设教学环境，以民族元素融合于情境式一体化教学模式，让创设情境教学成为职业院校有效的管理模式，这在教材编写思路中并不多见，这符合时代融合思政，加入民族元素，促进国产动漫产业引领中华文化走向世界。

本书读者对象

本书可作为中、高等职业技术院校，以及各类计算机教育培训机构的专用教材，也可供广大初、中级电脑爱好者自学使用。

尽管编写团队在写作本书时已竭尽全力，但书中仍可能会存在问题，欢迎读者批评指正。编者在编写本书的过程中参考与借鉴了大量文献，在此向相关作者致以诚挚的谢意。由于编者水平有限，疏漏和不当之处难免存在，敬请广大读者批评指正。

2

图 6 《三维动画制作 3ds Max》前言

三、《影视后期制作》（如图7~图9所示）

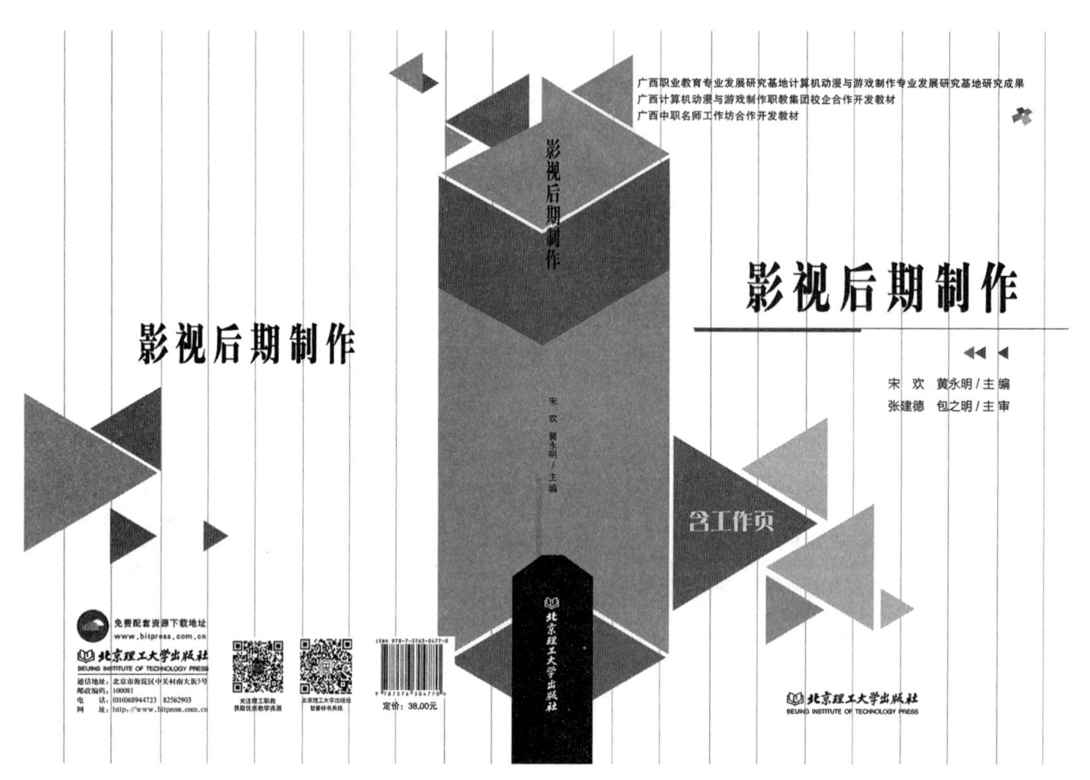

图7　《影视后期制作》封面

内容简介

本书分为6个项目，包括基础案例、文字特效、颜色校正、抠像技术、三维空间合成、仿真特效的使用。本书案例丰富，通过实例任务讲解具体操作，让学生从实践操作过程中掌握影视作品后期制作的技巧。

本书既可作为中等职业院校影视动漫、平面设计、影视广告设计及相关专业教材，也可作为广大视频编辑爱好者或相关从业人员的自学手册和参考资料。

版权专有　侵权必究

图书在版编目（CIP）数据

影视后期制作 / 宋欢，黄永明主编 . -- 北京 : 北京理工大学出版社，2021.9

ISBN 978-7-5763-0477-0

Ⅰ. ①影… Ⅱ. ①宋… ②黄… Ⅲ. ①视频编辑软件 ②图像处理软件 Ⅳ. ①TN94②TP391.413

中国版本图书馆 CIP 数据核字（2021）第 205071 号

出版发行 / 北京理工大学出版社有限责任公司
社　　址 / 北京市海淀区中关村南大街 5 号
邮　　编 / 100081
电　　话 /（010）68914775（总编室）
（010）82562903（教材售后服务热线）
（010）68944723（其他图书服务热线）
网　　址 / http://www.bitpress.com.cn
经　　销 / 全国各地新华书店
印　　刷 / 定州市新华印刷有限公司
开　　本 / 889 毫米 × 1194 毫米　1/16
印　　张 / 13.5
字　　数 / 200 千字
版　　次 / 2021 年 9 月第 1 版　2021 年 9 月第 1 次印刷
定　　价 / 38.00 元

责任编辑 / 张荣君
文案编辑 / 张荣君
责任校对 / 周瑞红
责任印制 / 边心超

图书出现印装质量问题，请拨打售后服务热线，本社负责调换

图 8　《影视后期制作》版权页

前言
PREFACE

After Effects CC 是 Adobe 公司开发的影视特效制作软件，是目前最流行的影视后期处理软件之一，被广泛应用于电视制作、广告制作、电影剪辑、游戏场景制作，以及企事业单位和个人视频制作等领域。目前，许多院校和培训机构的艺术专业都将 After Effects CC 作为一门重要的专业课程。

为了帮助职业院校和培训机构的教师系统地讲授这门课程，为了帮助学生和广大读者能熟练地使用 After Effects CC 进行影视特效制作，制作出符合实际应用需要的作品，广西省级示范性职教集团广西计算机动漫与游戏制作职教集团，发挥担任广西职业教育计算机动漫与游戏制作专业发展研究基地主持人单位的优势，联合广西中职名师工作坊张建德、包之明、林翠云等三个工作坊为主要编写团队，在充分调研各院校关于这门课程教学改革情况的基础上，结合编者丰富的教学经验和项目制作经验编写了本书。

本书特色

一本好教材，应该易教、易学，让学生轻松学到实用的知识；一本好教材，应该内容安排合理，体例新颖、实用；一本好教材，应该概念准确，语言精炼，讲解通俗易懂；一本好教材，应该图文并茂，案例丰富、典型、实用。具体来说，本书具有以下几个特点：

• 精心设计结构体例，易教易学：本书按照"课堂案例—知识精讲－课堂实训—课后练习"的思路编排每章结构。在讲解各节内容时，首先通过"课堂案例"让学生快速熟悉软件的相关功能和设计思路，然后通过"知识精讲"让学生系统地学习软件的相关功能，接着通过"课堂实训"让学生练习并巩固所学知识，在每章的最后还安排了"课后练习"，让学生进一步练习本 章所学知识，增强实战能力。

• 精心设计案例，符合教学需要：本书的案例主要分为四类，其中课堂案例、课堂实训案例和课后练习案例具有操作简单、针对性强（针对当前要讲解的软件功能、符合实际应用等特点。最后章节的综合案例则是 After Effects CC 功能的综合应用，具有专业性强、设计精

1

影视后期制作

美等特点，目的是提高学生的综合实战能力。

• 精心安排内容，符合岗位需要：本书精心挑选与实际应用紧密相关的知识点和案例，从而让读者在学完本书后，能马上在实践中应用学到的技能。

• 语言精炼，通俗易懂：本书在讲解知识点时，力求做到语言精练，通俗易懂。在"知识精讲"部分，对于一些较难理解的功能，功能，使用小例子的方式进行讲解。

本书读者对象

本书可作为中、高等职业技术院校，以及各类计算机教育培训机构的专用教材，也可供广大初、中级电脑爱好者自学使用。

本书中对 After Effects CC CS6 的菜单、对话框和各项参数的中文描述因翻译原因，与其他资料的描述可能不完全一致，敬请理解。尽管编写团队在写作本书时已竭尽全力，但书中仍可能会存在问题，欢迎读者批评指正。编者在编写本书的过程中参考与借鉴了大量文献，在此向相关作者致以诚挚的谢意。 由于编者水平有限，疏漏和不当之处难免存在，敬请广大读者批评指正。

2

图 9　《影视后期制作》前言

第五节　首批“十四五”职业教育国家规划教材书目

教　育　部　办　公　厅

教职成厅函〔2023〕19号

教育部办公厅关于公布首批“十四五”职业教育国家规划教材书目的通知

各省、自治区、直辖市教育厅（教委），新疆生产建设兵团教育局，部属各高等学校，有关直属单位：

为落实党中央、国务院关于教材建设的决策部署和新修订的职业教育法，根据《“十四五”职业教育规划教材建设实施方案》和《教育部办公厅关于组织开展“十四五”首批职业教育国家规划教材遴选工作的通知》要求，经有关单位申报、形式审查、专家评审、专项审核、专家复核、面向社会公示等程序，共确定7251种教材入选首批“十四五”职业教育国家规划教材（以下简称“十四五”国规教材），涵盖全部19个专业大类、1382个专业。现对入选教材予以公布（见附件1，其中314种首届全国教材建设奖职业教育类获奖教材和44种127册立项建设的中职七门公共基础课程教材名单不再重复公布），并就有关事项通知如下。

一、落实要求，抓好教材选用。各省级教育行政部门要严格落实《职业院校教材管理办法》，加强对本地区职业院校教材选用使用工作的管理。各职业院校要按有关规定落实教材选用要求，优先选用“十四五”国规教材，确保优质教材进课堂，并做好教材选用备案工作。

二、明确要求，规范标识使用。有关出版单位须按照要求规范使用“十四五”国规教材专用标识（见附件2）。严禁未入选的教材擅自使用“十四五”国规教材专用标识，或使用可能误导教材选用的相似标识及表述，如使用造型、颜色高度相似的标识，标注主体或范围不明确的“规划教材”“示范教材”等字样，或擅自标注“全国”“国家”等字样。

三、紧跟产业，及时修订更新。各教材编写单位、主编和出版单位要根据经济社会和产业升级新动态，及时吸收新技术、新工艺、新标准，对入选的首批“十四五”国规教材内容进行动态更新完善，并不断丰富相应数字化教学资源。教材修订更新要严格按国规教材评审要求做好内容审核把关，及时向教育部职业教育与成人教育司或其委托的单位报送教材修订情况报告，切实做好“十四五”国规教材的修订备案工作。

四、示范引领，巩固建设成效。各省级教育行政部门、行业（教育）指导委员会、职业院校和有关出版单位要以本次“十四五”国规教材公布为契机，积极发挥优质教材的示范引领作用，强化职业教育新形态、数字化等教材开发建设力度，加快推进省级规划教材建设。

附件：1.首批“十四五”职业教育国家规划教材书目

2.“十四五”职业教育国家规划教材标识及使用要求

教育部办公厅

2023 年 6 月 19 日

（此件主动公开）

部内发送：有关部领导，办公厅、教材局

教育部办公厅　　2023 年 6 月 25 日印发

首批“十四五”职业教育国家规划教材书目（新申报教材）

（中职）

序号	层次	专业大类	教材名称	第一主编	申报单位	出版单位
478	中职	电子与信息大类	物联网设备安装与调试	张晓东	河南机电职业学院	电子工业出版社有限公司
479	中职	电子与信息大类	物联网应用基础实训	孙永梅	济南信息工程学校	电子工业出版社有限公司
480	中职	电子与信息大类	小型局域网构建	张根岭	北京轻工技师学院	哈尔滨工程大学出版社有限公司
481	中职	电子与信息大类	小型局域网组建 小型局域网组建实训指导	薛雯	齐齐哈尔市职业教育中心学校	电子工业出版社有限公司
482	中职	电子与信息大类	信息安全技术基础	李强	武汉市东西湖职业技术学校	高等教育出版社有限公司
483	中职	电子与信息大类	信息化教学技术	倪彤	安徽省汽车工业学校	清华大学出版社有限公司
484	中职	电子与信息大类	信息系统安全配置与管理	赵军	佛山市顺德区胡锦超职业技术学校	机械工业出版社有限公司
485	中职	电子与信息大类	音频设备应用与维修	赖珍明	汉阴县职业技术教育培训中心	语文出版社有限公司
486	中职	电子与信息大类	影视后期特效项目教程——After Effects	王东军	泰安市岱岳区职业教育中心	北京理工大学出版社有限责任公司
487	中职	电子与信息大类	影视后期制作	宋欢	南宁市第三职业技术学校	北京理工大学出版社有限责任公司
488	中职	电子与信息大类	影视后期制作（Premiere CC）	刘焕兰	玉林市第一职业中等专业学校	电子工业出版社有限公司
489	中职	电子与信息大类	影视后期制作案例教程	唐成祥	河池市职业教育中心学校	中国石油大学出版社有限公司
490	中职	电子与信息大类	影视后期制作案例教程（Premiere Pro CC+After Effects CC）（微课版）	王斌	福州机电工程职业技术学校	中国科技出版传媒股份有限公司
491	中职	电子与信息大类	智能家居工程技术（活页式）	赵永富	遂宁市职业技术学校	成都西南交大出版社有限公司
492	中职	电子与信息大类	智能小车C语言程序控制	秦磊	河南机电职业学院	电子工业出版社有限公司
493	中职	电子与信息大类	中文3ds Max/VRay 室内装饰设计案例实训（第2版）	焦灵	抚顺市第一中等职业技术专业学校	高等教育出版社有限公司
494	中职	电子与信息大类	中小型网络构建与管理（第3版）	汪双顶	安徽建工技师学院	高等教育出版社有限公司
495	中职	电子与信息大类	综合布线设计与施工（第3版）	段标	南京市玄武中等专业学校	高等教育出版社有限公司
766	中职	文化艺术大类	色彩（上、下册）	陈佳思	中央美术学院	北京师范大学出版社（集团）有限公司
767	中职	文化艺术大类	ZBrush+3ds Max+TopoGun+Substance Painter次世代游戏建模教程	姜玉声	北京市信息管理学校	电子工业出版社有限公司
768	中职	文化艺术大类	化妆基础实训手册	郭秋彤	长治市上党区职业高级中学校	高等教育出版社有限公司
769	中职	文化艺术大类	基础图案500例—花卉&风景 基础图案500例—人物&动物	聂磊	武汉市艺术学校	湖北美术出版社有限公司
770	中职	文化艺术大类	戏曲鉴赏	阳颖	湘中幼儿师范高等专科学校	湖南大学出版社
771	中职	文化艺术大类	数字插画设计项目教程-Illustrator 第2版	范云龙	珠海市理工职业技术学校	机械工业出版社有限公司
772	中职	文化艺术大类	新彩花鸟技法	熊丹青	景德镇市教育局	江西高校出版社有限责任公司
773	中职	新闻传播大类	三维动画制作3ds Max	于虹	广西纺织工业学校	北京理工大学出版社有限责任公司
774	中职	新闻传播大类	动漫美术基础	蒙守霞	广西华侨学校	北京理工大学出版社有限责任公司
775	中职	新闻传播大类	非线性编辑	李娜	山西传媒学院	北京师范大学出版社（集团）有限公司
776	中职	教育与体育大类	保育工作入门	马兵	苏家屯区职业教育中心	长春东北师范大学出版社有限责任公司
777	中职	教育与体育大类	保育员岗位综合实训	刘新宇	吉林女子学校	长春东北师范大学出版社有限责任公司
778	中职	教育与体育大类	保育员口语与沟通	苑望	黑龙江教师发展学院	高等教育出版社有限公司
779	中职	教育与体育大类	保育员职业素养	孙青	石家庄文化传媒学校	高等教育出版社有限公司
780	中职	教育与体育大类	儿童故事选取与讲演	黄夕梅	马鞍山幼儿师范学校	北京师范大学出版社（集团）有限公司
781	中职	教育与体育大类	儿童简笔画（第6版）	余思慧	湖南民族职业学院	湖南大学出版社
782	中职	教育与体育大类	钢琴基础	李爱玲	秦皇岛市中等专业学校	北京理工大学出版社有限责任公司
783	中职	教育与体育大类	钢琴基础与幼儿歌曲伴奏	曾媛宇	湘中幼儿师范高等专科学校	湖南师范大学出版社有限公司

第四章　专业群研究报告

第一节　广西数字文化产业专业群建设现状研究

广西华侨学校　蒙守霞　林翠云　梁文章

【摘　要】 数字文化产业是以文化创意内容为核心，依托数字技术进行创作、生产、传播和服务的新兴产业，具备传输便捷、绿色低碳、需求旺盛、互动融合等特点，当下正在成为引领新供给、新消费，规模高速成长的数字创意产业的重要组成部分。目前，游戏、动漫等数字文化产业领域专业人才十分缺乏，如研发和运营一款网络游戏的人才涉及游戏策划、技术开发、设计合成、美术、网络维护、营销、售后服务、在线管理等方方面面，成熟团队成为稀缺资源，但与此同时，用户却持续快速增加，这种失调制约了产业发展。因此，研究当前广西数字文化产业专业群建设的现状具有重要的现实意义，有助于推动该产业的蓬勃发展。

【关键词】 广西；数字文化产业；专业群；建设现状

【基金项目】 本文系2020年度广西职业教育教学改革研究一般项目"'一体两翼、四方驱动'的政校企行协同的数字文化产业专业群人才培养模式研究与实践"（课题编号：GXZZJG2020B074）研究成果。

中图分类号：H059；　文献标识码：A；　文章编号：1673-9574（2021）02-0010-02

未来5年到10年，是全球新一轮科技革命和产业变革蓄势待发到群体迸发的关键时期，文化创意将成为产业变革新经济发展的重要引擎。文化产业和数字化技术相结合，催生出新的产业形态——数字文化创意。数字文化产业领域普遍存在人才培养方式和培养机制不合理的问题，相当多的创意人才不具有高学历、高职称，但是产出非常高，市场化的人才培养机制亟待建设。

一、 基本概念界定

（一）专业群

"专业群"就是由一个或以上的办学实力强、就业率高的重点建设专业作为核心专业，由若干个相近或相关的专业共同组成的专业集群。专业群中的各专业，面向企业的岗位链，基本能在同一个实训体系中完成其基本的实践性教学。专业群建设是针对专业而进行的资源整合，以达到资源整合与共享，发挥集群效益，推进课程改革和整合，促进师资队伍培养与建设，发挥优势核心专业带动作用，提高专业建设整体水平，提高职业院校核心竞争力，提高职业院校对经济社会发展的服务能力。

（二）数字文化产业专业群

数字文化产业专业群，以计算机动漫与游戏制作专业为核心，对接数字文化产业发展需求侧，包含计算机平面设计、计算机网络技术、计算机动漫与游戏制作、建筑装饰（室内设计方向）、电子商务、数字媒体技术应用等专业，形成了专业群。

专业群人才培养对接数字文化产业全产业链。数字文化产业专业群对接数字文化产业中的“项目策划设计（产业链上游）、项目生产制作（产业链中游）、项目运营推广（产业链下游）”，全产业链与专业群形成对接关系，为产业链不同位置的中小微企业培养能从事跨技术领域的产品研发和创新的复合型技术技能人才。

立足广西，辐射西部，面向东盟，专业群可以针对西部地区、东盟国家数字文化产业需求侧特点，为数字文化全产业链培养美术设计师、平面设计师、游戏 UI 设计师、动画设计师、3D 动画师、二维动画师、广告设计师、影视后期合成师、摄影师、录音师、多媒体作品制作员、计算机乐谱制作师、音响调音员、电子商务人员、网络营销员、网络广告员等复合型高素质创新技术技能人才。在产业链不同阶段企业中，这些岗位的技术技能知识点具有 75%~85%相同。

专业群服务数字文化全产业链，群内各专业具有基础课程通用、核心课程交叉、实训基地共享、师资团队互用、岗位相关、优势互补、相互促进、协调发展的耦合关系，形成一个有机整体，专业群资源聚集度高、融合性强，服务定位准、集群效应明显。

二、 数字文化产业专业群建设模式国内外研究现状

（一）国外研究现状

从已有文献来看，国外关于职业院校专业群建设的成果不多，但国外的职业教育相关研究则起步较我国要早。从已有研究来看，职业院校专业群建设已基本形成了符合各国实际需求的专业设计模式，如以学科建设为中心、以学生培养实践为中心、以实践教学活动为中心、以实际问题的化解方式为中心、以学个性化培养为中心等。德国于 20 世纪 20 年代就提出了“双元制”教学模式，这种模式经过最近 30 年的发展才走向成熟，且逐步稳定。日本和新加坡也对“双元制”的教学模式进行了一定的研究，在德国的模式之上根据本国国情调整为“产学合作”和“教学工厂”。20 世纪 60 年代末，北美、欧洲和澳大利亚等地区探索和总结如何培养学生的能力，特别是如何对学生进行职业能力的培养，认为学生利用自身能力、独自参与实践活动，可激发学生职业技术潜能。此外，英国的专业群

认证模式也具有明显的优势，特别是在该国职业教育实践上发挥了重要作用，该模式包含了多种多样的认证级别、多种类别的专业方向的专业认证群。

（二）国内研究现状

董淑华认为，首先要明确专业群建设不是高职院校发展的目的而只是发展的手段，因此，不是简单地对教学资源的加减，而应该是系统性的整合和优化。要建立好有效的评价机制，不能“跟风”。兰青、曹美苑、范薇认为，专业群建设是国家级和省级示范（骨干）高职院校建设的重要内容，也是办出特色、彰显高职教育品牌的载体。更是提高高职院校知名度、社会声誉、办学水平等的根本途径。沈建根，石伟平认为，高职院校专业群建设必然要求考虑如何对现有专业结构进行调整，用何种方法来进行协调、用何种方法组织专业教学，用何种方法整合产业界教育资源等，这些问题都是专业群建设的核心问题。

综上所述，当前国内外对中职学校专业群理论研究还在起步阶段，尚存在需要进一步丰富的地方。高职院校专业群的研究成果对理解和构建中职院校专业群提供了一定的思考，但对专业群建设的实践性，无论是企业还是中职院校，还有待进一步研究。

三、 广西数字文化产业专业群人才培养现状

（一）育人渠道较为单一

目前数字文化产业专业群育人渠道都比较单一，基本是以课程化实践或者是社会实践为主，未针对数字文化产业的发展将产业发展动态与市场人才需求融入教育教学的各方面中。校企合作是以企业与学校独立的方式，以企业为实习平台，以学校为理论教育平台，理论与实践教学分开，导致学生实践能力培养不足。虽然提出了实践评估的方式，以改革学校理论教育，但校企在育人过程并没有形成有机统一，理论与实践活动之间的衔接脱钩，学生的实践能力也比较单一，校企合作对学生全面发展的促进作用并不明显，没有实现协同育人的理念。

（二）校企之间互动有限

目前在实践育人协同体系工作开展中，没有以学生发展为中心，使得校企之间互动有限，多数育人都是职业院校自身唱主角，既没有过多考虑学生，也没有将企业融入培育过程中，导致学校实践育人难以形成协同发展环境，不能满足实践育人的高效性；难以实现校企资源的共享以及优化配置，导致校企之间的联动机制比较单一；难以为学生构建多样化环境，不利于学生职业能力与实践能力的培养。职业院校数字文化产业专业群人才培养的最终目的是要让学生适应社会发展，在社会环境中应用自身的实践技能以及理论知识，所以校企合作的目的还是要让学生进入企业，了解企业发展，针对数字文化产业的需求，不断优化人才培养方案，让学生多接触社会、企业，了解与自身发展相关的政策、行业及岗位等，促进学生自我能力完善，进而提高学生的实践培养。

四、结语

研究数字文化产业专业群人才培养模式，有利于中职专业群人才培养模式理论的进一步丰富和完善，为专业群发展提供可靠的理论支撑，避免人才培养因资源整合问题所产生的盲目性，为职业教育发展和专业建设提供一定的理论参考。

参考文献

[1] 唐琳. 双循环中的非遗产业数字化转型研究——5G 时代广西文化产业转型研究系列论文之二 [J]. 南宁师范大学学报（哲学社会科学版），2020，41（6）：32-40.

[2] 黎珍珍. 高职管理类专业群实训基地建设问题与对策分析——以广西工业职业技术学院为例 [J]. 广西教育，2020（39）：185-187.

[3] 孙展. 文化产业发展视角下广西艺术类专业人才培养策略研究 [J]. 广西教育，2020（27）：113-114+135.

[4] 唐琳. 乡村振兴中少数民族文化数字化保护和传承研究——5G 时代广西文化产业转型研究系列论文之一 [J]. 南宁师范大学学报（哲学社会科学版），2019，40（5）：85-91.

[5] 戎霞. 数字文化产业创意人才培养体系路径探析——以广西财经学院为例 [J]. 西部素质教育，2015，1（7）：3-7.

第二节　基于中职学校信息技术专业群师资队伍建设的研究

广西华侨学校　林翠云　张建德

【摘　要】 随着国家供给侧结构性改革的深入，十九大对职业教育提出了新的要求，对职业院校发展和专业建设赋予了新的使命。职业院校作为人才培养质量的责任主体，建立健全专业群内部质量保证体系是实现高质量内涵式发展的必由之路，也是高质量技术技能人才培养质量的保证。随着中职学校愈发重视对信息技术专业群的建设，信息技术师资队伍建设的重要性也越来越得到凸显。在全社会各行各业逐渐步入信息化的时代，为提高中职学校办学质量，培养专业的师资队伍是非常必要的。本文将从当前中职学校信息技术专业群师资队伍建设存在的问题入手，探究相应的解决措施。

【关键词】 中职学校；信息技术；专业群；师资队伍建设；现状；措施

广西壮族自治区人民政府印发的《贯彻落实创新驱动发展战略打造广西九张创新名片工作方案（2018—2020年）》中，将“互联网经济”定位为第四张名片——大力推进“互联网+”行动，推动互联网、网络文化等领域的数字经济，促进对外交流，发展网络数字文化产业。中职学校信息技术专业群内各专业定位较为明确，适应行业和地区经济发展需求，专业群内相关专业建设规划有效对接区域发展战略——面向特定的“数字经济”。信息技术专业群作为学校三大专业群之一，整合了“理工类”专业的办学资源，坚持“政校企合作”实施特色发展，逐渐成为学校颇具影响力的品牌专业群之一。

一、当前中职学校信息技术专业群师资队伍建设的现状

（一）取得的成效

信息技术专业群坚持以“E专多能，设计精彩人生”为工作目标，坚持“以人为本、校企合作、项目引领、科研兴教、敢于担当、乐于奉献”为工作理念，经过专业建设团队的共同努力，专业群全日制在校生人数近1 000人，计算机动漫与游戏制作专业被认定为自治区级示范专业，2012年广西华侨学校被自治区扶持动漫产业发展厅际联席会议办公室认定为“广西动漫人才培养基地”，2015年计算机动漫与游戏制作专业通过“国改示范校”重点建设专业的国家级验收，2016年广西华侨学校成为广西民族文化传承创新职业教育基地（动漫），2018年广西华侨学校入选广西职业教育计算机动漫与游戏制作专业群发展研究基地主持人单位，为信息技术专业群的发展奠定坚实基础。

建成广西中职名师引领的区内一流的教学团队。专业群拥有一个以计算机动漫与游戏制作专业正高级讲师（特级教师）为引领，广西中职名师培养对象、企业领军人物和技术骨干共建的广西壮族自治区级教学团队（广西中职名师工作坊）。教学团队中有计算机动

漫与游戏制作专业正高级讲师（特级教师）1名、高级讲师7名、高级双师4名。60%的教师获得Adobe、神州数码等行业认证，双师比例达100%。核心专业85%的专业教师来自企业，具有丰富的企业项目经验和高水平的技术服务能力。教师获得国家级教学比赛奖项2项、自治区级教学比赛和技能比赛奖项29项。

专业群现有专任教师35人，其中高级讲师10名，培养核心专业带头人2名、骨干教师33名。专业群引进兼职教师7名。专任教师通过参加国培、挂职锻炼及行业企业职业技能培训等，均具备双师素质，其中18名教师被认定为自治区级“双师型”教师，占专任教师的51%。专业群形成专兼结合、双师素质的教学团队，以适应人才培养模式改革的需求，实现人才培养目标。专业教师课题开发与科研能力显著提升，2016年、2017年获得自治区级重点课题立项2项，2017年获广西职业教育自治区级教学成果三等奖2个，同年张建德老师担任坊主的“携手共进名师工作坊”入选广西首批建设的20个中职名师工作坊，林翠云老师、李想老师入选广西第二期中职名师培养对象。另外，专业教师在指导学生竞赛、参加信息化教学设计大赛、教师职业技能大赛等方面获奖70多项，近两年教师累计发表教科研论文20余篇。

（二）存在的问题

教师的思想观念和创新精神还不能适应新形势的要求。尤其在职业教育改革的要求下，中职学校信息技术专业群教师适应新形势与新课改的思想观念尚未到位。国家经济结构的战略性调整和发展方向的转变，对职业教育提出了新的任务、新的使命，面对新形势，教师团队在进取心和创新精神上有所弱化，对学校、科室的中长期发展目标持续“爬坡”的过程缺乏足够的心理准备和紧迫感。

中职学校信息技术专业群师资队伍中新老教师比例不均衡。教师队伍中，老教师比较多。老教师在接受新鲜事物方面的能力与反应度往往低于新教师，老教师的比例较高，容易导致新课改相关理念在该群体传播的难度加大。同时，新教师还没有形成系统的教学方法，各方面还不成熟，还有待提高和发展。尽管新教师能够为专业群建设带来新鲜的血液与新颖的想法，但其专业教学能力与水平相对较低，教学实践中往往存在较大的提升空间。

二、加强中职学校信息技术专业群师资队伍建设的措施

（一）中职学校信息技术专业群教师需要主动转变观念

中职学校信息技术专业群教师要主动转变观念，积极主动学习新课改相关的要求与知识。首先，在新课改与新形势下，教师要转变过去落后的教学观、教师观与学生观，按照新课改相关要求积极作出相应的改变。其次，中职学校信息技术专业群教师群体更要树立信息化教学的观念。在当下全社会各行各业逐步进入信息化的背景下，信息技术专业教师更应该树立与加强自身的信息化教学观念，以更好地指导教学实践。

（二）加快师资队伍培养

通过送出去、请进来、到企业等手段，建设一流的师资队伍，完成5名“熟练型”专业带头人、10名“教练型”教学名师、20名骨干教师的培养，最终完成自治区级教学团队1个、自治区级名师1名。聘请有实践经验的行业专家、企业技术人员、高技能人才担任兼职教师，建立50人以上的兼职教师库，并根据教学实际需要进行动态更新。

送出去，指每年定期分批次委派教师参加国内国外专业技术、职教理论培训；国内，每学期派8名教师参加学习交流；国外，每学期派2名教师出国参观学习。

请进来，指聘请专家到校内对教师进行全方位培训，或聘请行业企业能工巧匠和专业技术人员作为兼职教师，或聘请拔尖人才壮大专任教师队伍。

到企业，指每年定期委派教师到企业进行为期至少30天的研修，丰富教师的实践经验，提高教师的实践技能。

积极推进数字文化产业关键技术与教学、科研内容深度融合，成立3个专家型教学科研团队，集中力量，协同攻关，全面增强自主创新能力。

（三）加强德育建设与学生管理工作

加强德育队伍建设，利用每月一次班主任交流会对班主任队伍进行有针对性的培训，提高班主任的理论水平和管理水平；常规管理工作常抓不懈；通过对学生日常行为规范的检查评比，促进班级建设，充分发挥全员育人的作用；利用班会时间上好形式新颖、主题鲜明的班会课；大力开展“文明礼仪”教育活动。通过主题班会、演讲、板报宣传及各种竞赛等活动，培养学生的集体荣誉感和团结进取的精神及审美意识；促进教师、家长、学生之间相互理解，架起一座理解的桥梁。

（四）建立行之有效的教学管理机构

建立精简高效、职责分明、运转协调、信息畅通的教学管理组织机构，有效开展教学文件管理、教学常规管理、教学过程管理、教学质量管理、教学行政管理、教学基本建设、教育教学研究等工作。有效利用各种先进思想、科技手段，实现教学管理的信息化、程序化、规范化和科学化。

成立专业群建设指导委员会。落实主体责任，成立由行业企业专家、教学管理人员、专业教师组成的数字文化产业专业群建设指导委员会，规划、实施、监督专业群师资队伍建设与人才培养，形成项目建设过程的监控、管理与反馈机制，开展项目建设过程的决策、组织、监控与自我诊改活动。

以建立健全规章制度为先导，以日常教学检查与专项评估为契机，以教学督导、学生教学信息员及用人单位为依托，以人才培养的实现为目标，专业群和校企合作企业“两个监控主体”共同参与，围绕人才培养方案的制订，突出职业能力培养，加强实训基地建设，强化校企联合督导、共同育人，加强细节管理和全程管理。为提升教学管理水平与效率、加强教学质量监控与管理工作，建设由“一个委员会、一套制度、五级监控、六位一体、七种方式、九项内容”组成的专业群建设和教学质量监控体系，全面全程监控专业群建设和教学质量，加大反馈和调控力度，不断改进教学工作，促进教育教学质量的提高。

（五）改进人才培养质量与社会评价

引入行业企业职业岗位工作标准，校企共同制订完善专业人才培养方案、课程体系和课程标准，共建校内外实训基地，示范品牌专业增加 2 家以上稳定合作企业，合作学校超过 3 所；联合优质企业扩大订单班、冠名班培养规模，深化培养模式改革，订单培养占学生总数的 30%以上；整合资源，校企共建校内外实训基地，其中校内实训基地各专业核心技能实训工位数满足率达到 100%，拥有 9 个长效稳定型校外实训基地，18 个以上学生顶岗实习基地；所有专业均建立完成校企深度融合、共育人才的合作运行管理新机制。

三、结束语

中职学校信息技术专业群师资队伍建设要注重完善教学诊改模式。遵循教育发展规律和学生成长规律，不断规范、优化和创新教学管理制度，建立教学诊断反馈机制，注重过程诊断和专项改进；依托学校智慧校园建设，完善教学诊改信息化平台；依托人才培养状态大数据实时诊断和改进教学，完善专业和课程建设规范，以专业教学标准和课程标准为基础推进专业和课程建设；加强过程管理和考核，完善巡课和听课制度，做好教学秩序专项整顿，加强教学督导。

参考文献

［1］杨百灵. 基于目标管理的高职院校信息技术课程师资队伍建设［J］. 河北职业教育，2018，2（6）：47-49.

［2］四川信息职业技术学院——打造一流师资队伍，筑牢人才培养战斗堡垒［J］. 四川劳动保障，2017（4）：53.

［3］桑迎春. 中职信息化教师队伍建设途径和方法的研究［J］. 现代交际，2017（3）：27-28.

［4］刘德辉. 信息化视角下的教师专业化发展［J］. 辽宁教育，2017（4）：20-21.

［5］魏物春. 财政支农培训中基于信息技术建设师资队伍的应用研究［J］. 当代教育实践与教学研究，2016（6）：150-152.

［6］尉文珠. 浅论以信息化带动教育现代化［J］. 教学与管理，2015（33）：5-7.

第三节　中职学校信息技术专业群建设的研究

广西华侨学校　蒙守霞　董星华

【摘　要】 为大力推进“互联网+”行动，促进对外交流，发展网络数字文化产业，广西中职学校培养了大量的人才，其息技术专业群建设值得研究。文章基于广西中职学校信息技术专业群建设的现状，对加强中职学校信息技术专业群建的措施进行分析，指出应明确专业群建设目标，明确专业群的定位与发展，创新人才培养机制，创新课程建设。

【关键词】 中职学校；信息技术；专业群建设；现状；措施

中图分类号：G712；文献标志码：A；　文章编号：1008-3561（2021）11-0072-02

随着供给侧结构性改革的不断深入，国家对职业院校的发展和职业建设提出了新的要求。职业学院是负责人力资源质量的主要机构，建立和完善专业群内部质量保证体系是实现有意义的高质量发展的重要途径。研究中职学校信息技术专业群建设，有助于推动学校整改信息技术专业群建设工作，提高教学质量，为对外交流与网络数字文化产业的发展提供更多的优质人才。本文通过分析中职学校信息技术专业群建设的现状，探究提高中职学校信息技术专业群建设质量的措施与途径。

一、 广西中职学校信息技术专业群建设现状

（一）对接创新驱动发展战略

近年来，广西大力推进“互联网+”行动，促进对外交流，发展网络数字文化产业。对应这一产业链组建的计算机动漫与游戏制作专业群，由计算机动漫与游戏制作、计算机平面设计、建筑装饰、计算机网络技术 4 个专业组成，对接广西新一代数字文化创意产业链上中下游的关键技术领域，为产业链不同位置的中小微企业培养能从事跨技术领域的产品研发和创新的复合型技术技能人才。

（二）组建广西示范性职教集团，实现多方共赢

广西华侨学校牵头组建广西计算机动漫与游戏制作职教集团。职教集团现有成员单位 32 家，坚持“合作交流、资源共享、互利互惠、多方共赢”的工作目标，坚持“以人为本、校企合作、项目引领、科研兴教、敢于担当、乐于奉献”的工作理念，推动职业教育资源整合和人才培养模式创新，逐步形成了“单一专业、跨区域共享型”的模式。职教集团已入选广西示范性职教集团，实现多方共赢。

（三）助推学生多元成长，人才培养质量高

专业群平均每年招生将近 400 人，在校学生规模保持在 1 000 人左右，为区内外数字

文化产业和对口高职院校输送了大批优秀技术技能人才。毕业生企业满意度在90%以上，平均起薪3 000元以上，就业满意度在90%以上。毕业生遍布广告制作、影视特效、动漫制作、网络运营等领域，成为推动数字文化产业发展的重要力量。学生获国家级技能竞赛奖项30多项、自治区级技能竞赛奖项70多项。

（四）提供项目服务，“产教学研做”能力强

专业群与广西卡斯特动漫有限公司、北京燕阳文化传播有限公司等国家级认证动漫企业合作共建校外实训基地，为企业正式项目提供技术服务，与企业深入合作开展科技研发应用、电视动画项目制作及数字电影拍摄剪辑等，为企业5个真实项目提供技术服务，完成省级、市级横向技术科研项目2个，创造效益100万元以上，获得计算机软件著作权3项，取得了较好的社会效益和经济效益。

二、加强中职学校信息技术专业群建设的措施

（一）明确专业群建设目标

中职学校信息技术专业群的建设总目标为：对接战略性新兴产业的数字文化创意产业，深度融入数字文化创意产业价值链，有效服务经济社会发展和“一带一路”建设，以广西和东盟数字文化创意产业为依托，瞄准广西和东盟数字文化创意产业的人才需求。到2022年，拟建成以计算机动漫与游戏制作专业为龙头，由计算机动漫与游戏制作、计算机平面设计、计算机网络技术、建筑装饰、电子商务等专业组成的计算机动漫与游戏制作专业群，并把专业群建设成为广西第一个数字文化产业专业群，成为“广西一流、国内有较大影响力”的高水平品牌专业群，成为高技能人才培养基地，为行业提供更好的服务，推动区域经济发展。具体目标包括创新人才培养模式、深化专业课程体系改革、加强“双师型”教师队伍建设、夯实基础教学与实训能力、提高教学与实习管理水平以及提升服务水平等。

（二）明确专业群的定位与发展

数字文化产业是一个新兴的产业，以数字和创意内容为核心，并依靠数字技术进行创作、生产、传播和服务，正成为数字创意产业的重要组成部分，引领新供给、新消费和规模高速成长。数字文化产业专业群定位于数字文化产业链中的创作、设计及网络应用等服务领域，以计算机动漫与游戏制作为龙头，由计算机平面设计、计算机网络技术以及建筑装饰等专业组建而成。该专业群以计算机技术应用为核心，以动漫游戏设计、广告设计、平面设计、装饰设计、网络应用为重点，培养具有实践理论和创新精神，具有专家群的基本理论、技能和基础知识的高端熟练专业人员，让学校信息技术类专业教学专业化、职业化、实用化。

（三）创新人才培养机制

专业群以产教融合统领专业建设，以“动漫工场”为核心，以商业等现实项目为载体，深化“校企合作，工学结合”的人力资源开发模式，全面实行校企协同育人，并建立和完善“政校企行、四方联动”的工学结合人才培养模式：政府主导，宏观调控；学校自主，服务经济；企业参与，深度合作；行业指导，贴近市场。这样，才能真正实现校企合作协同育人的“七个共同”育人理念。企业全方位参与教学的全过程，引企入校，真正体现“校中有场、实境再现、产学研一体、素能递进”的总体办学方针，实现校企“合作办学、合作育人、合作就业、合作发展”。在“政校企行、四方联动”的基础上所有专业都积极推广新型教育模式，如任务驱动项目导向型等，并以工作室和产业为平台，以项目为载体，建立“产、教、学、研、做”相互融合和“工学交替能力渐进”的“校内产学结合+工学交替+顶岗实习”的实践培训综合人力资源开发模式。

（四）创新课程建设

基于工作过程的专业群课程体系，学校借鉴德国双元制教育相关专业课程体系，对数字文化产业专业群现有课程进行改革完善，围绕数字文化产业典型环节，落实国家职业教育教学标准体系，开发形成专业教学指导方案。专业群课程体系以核心职业能力培养为主线，对接相关专业要求，并衔接培养目标、专业设置、课程设置、工学比例、教学内容、教学方式方法、教学资源配置，形成“基础通用、模块组合、各具特色”的工学结合的课程体系。专业群着重数字文化产业系统中典型生产环节的规划、设计、生产和应用等，积极促进信息技术与教育教学的深度融合，开发一批基于动画生产工作过程的工学结合的优质核心课程，优质教学资源库、素材库、网络课程等，并邀请动画行业的专家参与教材的开发和编辑，打破传统的教科书编辑模式，发展“理实一体”，促进“教学做”的融合。学校与优质企业合作，在数字文化产业的关键技术领域开发与“云端课堂”相关的课程，实现“线上线下混合式教学”，同时通过全新的线上考试平台开展数字认证，并将数字证书和传统证书结合起来，直接证明学生的能力和资格。

三、 结语

总之，要加强中职学校信息技术专业群建设，必须掌握与分析当前中职学校在开展信息技术专业群建设过程中的成效，并针对具体问题提出相应的解决措施。而专业群建设目标是其他工作开展的关键引领，必须首先明确建设总目标与具体目标，并遵循“资源共享原则”和“内涵发展原则”开展具体工作，提高教学质量。

参考文献

[1] 眭碧霞. “互联网+”背景下专业及专业群建设——以常州信息职业技术学院为例 [J]. 宁夏教育科研，2019（4）：7-8.

[2] 朱珺. 产教融合视域下优质高职校建设实践研究——以湖北科技职业学院信息技术专业群建设为例 [J]. 湖北广播电视大学学报，2019（2）：43-47.

第五章　论文成果

第一节　融合广西民族元素的情境创设在动漫专业一体化教学的应用①

于　虹　张建德②

【摘　要】 文化多元发展的时代下，我国职业院校动漫专业教学仍存在一定程度的发展滞后和产学分离问题。为解决动漫教学应用的结构性问题，保存民族文化遗产，通过“三教”改革，结合时代背景与地域文化，通过开发具有民族元素的一体化教学工作页，同时应用创设工作情境的项目任务教学法，培养学生在熟悉广西民族文化元素的同时，又掌握动漫专业三维动画中场景和角色建模的专业技能，从而实现广西民族文化知识与专业技能的建构与迁移。

【关键词】 民族元素；情境创设；动漫专业；一体化教学

一、 职业院校动漫专业教学实践现状及存在问题

改革开放以来，时代迅速发展，新行业、新学科不断涌现，动漫专业作为其中的新兴代表，仍有很大的进步空间。笔者结合“三教”改革从时间、空间的角度，对我国职业院校中动漫专业的教学实践现状进行分析。

纵观动漫专业教学现状，相对本科院校与市面培训机构而言，在大多数职业院校的专业发展中，动漫专业开设时间较晚，而且开设的院校也是少数。同时，我国的动漫产业相对欧美国家也起步较晚，目前动漫专业的教育现状不仅没有和行业同步发展到一个新的高度，还存在一定程度的滞后性。因此，职业院校的人培模式和课程体系无法配套形成先进科学的教学体系，主要体现在以下三点：一是动漫人才培养方向和定位不够明确；二是课

---

① 基金项目：广西职业教育计算机动漫与游戏制作专业及专业群发展研究基地（桂教职成〔2018〕65 号）；2020 年广西职业教育教学改革研究重点课题：《中职计算机应用专业群（虚拟现实方向）“产教融合、专业联动、赛教互融”人才培养模式的研究与实践》（课题编号：GXZZJG2020A015）。

② 作者简介：于虹，广西纺织工业学校信息系主任，高级讲师；张建德，广西华侨学校信息科主任，正高级讲师。

程设置没有完全适应行业市场的发展需求；三是师资的再深造没有很好地落实到位。

横观动漫专业教学现状，在教材设置上，大多数教材偏向采用传统和经典书目，教学内容侧重理论知识。在教材研发上，和企业没有形成共同开发教材的合作模式，也没有共同建立校内、校外双育人的实训基地。在教法实践上，教师难以向学习者及时输送最前沿的动漫行业知识，也无法提供需要实践操作的实训场地，甚至有的实训课程只是单纯的用虚拟实践来完成。以上种种情形，背离了职业教育要重视实践教学、行动导向的教学目的，难以培养学生形成良好的民族观和人生观，导致毕业生无法胜任动漫行业的就业需求。就业难的窘境带来职业院校学生的择业难，人才的缺失将禁锢动漫产业的发展，无法给行业输出大踏步前进的步伐。这些顽疾是整个动漫教学应用行业的结构性问题，并非单方面的“师资”就能够迅速影响改变，而需要统筹学校、企业等各方面一起努力。由此可见，解决职业院校动漫专业的人培模式和课程改革已迫在眉睫。

二、 基于一体化教学体系的情境创设教学改革策略

（一）明确一体化教学的概念与必要性

一体化教学体系，就是整理融会教学环节，把培养学生职业能力的理论与实践相结合的教学作为一个整体考虑，单独制订教学计划与大纲，构建职业能力整体培养目标体系，通过各个教学环节的落实来保证整体目标的实现。

2019 年，教育部先后印发《国家职业教育改革实施方案》《关于组织开展“十三五”职业教育国家规划教材建设工作的通知》《职业院校教材管理办法》，明确提出建设校企“双元”合作开发的国家规划教材，倡导使用新型活页式、工作页式教材并配套开发信息化资源。

一体化教学深入贯彻国家政策，一体化教学工作页属于新型活页式教材，其关键核心内容包括：一是“校企双元”，工作页内容源于企业，高于企业；二是“任务式编写”，以典型工作任务为载体，以学生学为主体，以岗位为导向，以能力培养为本位；三是“配套数字化资源”，开发课件视频、微课、动画等多媒体式的数字资源；四是“课程思政”，融入工匠精神，学习中国风的民族文化，培养民族自信。

（二）结合地域文化背景创设教学情境

在经济全球化深入发展的时代，动漫专业的学生学习如何发挥专业技能，利用文化积累，在对外的经济文化交流中宣传中华民族文化，弘扬中华民族精神，很有必要。作为教师，也要结合地域文化背景创设教学情境，“传”中华文化的“道”，“授”动漫设计的“业”，培养学生的文化自觉和文化自信，适应时代和市场的需求。

笔者所在的广西壮族自治区，是众多少数民族的聚居地，各族人民团结统一，欣欣向荣，是全国民族团结的典范。少数民族中以壮族人数为最，由此形成了以壮族文化为主要代表的广西民族元素。其中，以绣球、铜鼓、壮锦等为代表的壮族人民的智慧结晶，体现

了壮族人民勤劳勇敢、自强不息的民族精神，更是入选了中国非物质文化遗产，成为广西重要的民族元素。广西临近东南亚诸国，自古以来便是文化交融之地。在国际上，中国虽然并非东盟的成员国，却是东盟的友好合作国。广西的首府南宁，同时也是中国—东盟博览会的举办地。除了经济往来，南宁国际会展中心也成为广西地区展示民族文化的重要窗口，体现着包容与共赢的大国智慧。

针对动漫专业授课对象的地域特点，课题组编写适合一体化教学的工作页教材《三维动画制作 3ds Max》，创设具有广西壮族元素的情境内容，采用民族元素融于任务情境式的学习模式，系统学习 3ds Max 三维建模、三维角色动画和 VR 脚本，其中设置“绣球、铜鼓、会展中心、地铁站、壮族女孩、VR 初体验”等特色任务，将关键知识点和核心技能分解在情境式项目中，以“场境—过程—结果”三个维度来构建教学实施的基本框架系统，用以培养学习者由浅入深、由简到繁地掌握三维动画的知识模块。

（三）构建“场境—过程—结果”三个维度的教学实施的基本框架

为改进动漫专业单一的教学模式和教学内容，培养符合社会发展需要的技能型人才，需要推进和动漫产业及行业的深度合作。在编写《三维动画制作 3ds Max》一体化工作页的内容时，课题组经过企业的岗位调研，分析岗位要求和典型工作任务，通过校企合作，确定了该教材的知识结构和内容体系，采用一体化项目任务式编写体例，精选和本地优秀动画游戏公司合作开发的一些代表性的项目，分解成案例任务和拓展案例，融合民族元素和地域特色，呈现出六个文化项目的学习内容，具体包括“项目一道具制作——壮族文化、项目二场景建模——印象广西、项目三角色制作——壮族女孩、项目四角色骨骼和蒙皮、项目五角色动画、项目六 VR 初体验”等行业的商业应用内容，用典型的任务情境和生动的民族文化串联各项目模块，培养学习者掌握“创建几何体，几何体编辑、三维场景制作、蒙皮封套、灯光设置、多边形建模、VRay 渲染器、VR 基础知识”等 3ds Max 和 VR 编辑器的知识和技能，传承创新民族优秀传统文化。

三、融合民族元素的情境创设在一体化教学中的具体实践

（一）运用广西壮族元素“绣球、铜鼓”进行三维建模的道具制作

中国—东盟博览会已成为广西对世界展示的一张名片，运用该情境的影射作用，布置项目任务是制作会场所需要的广西壮族特色产品“绣球”和标志性道具“铜鼓”。三维建模的道具制作既需要艺术审美，更需要专业技术：学生在拥有了对广西壮族文化了解的“软实力”后，还需要“硬实力”的计算机创新设计技能，一体化工作页内容围绕指导学习者能用 3ds Max 三维建模中来创建“几何体”技能，融入具有民族特色的设计元素，从而完成以上道具的设计与制作。

（二）运用南宁地标“会展中心、地铁站”进行三维建模的场景制作

在完成了广西的文化元素“绣球和铜鼓”设计后，情境设置为走进中国—东盟博览会

的举办地——南宁国际会展中心，去看看我们的“印象广西”，在体验文化的同时深入体会民族精神。所以此次的工作任务就是进行“地铁站”和“会展中心”的场景建模，引导学生用到上次学习的创建“几何体”和“二维图形”操作，再学习新的创建，用“修改器列表”命令进行物体修改，完成建筑物整体的场景建模（如图 1 所示）。

图 1 会展中心和地铁站的场景建模

富有民族特色，凝集着民族精神的建筑物建模完成后，再“添加绿色植物”和“室外灯光设置”，分别巩固运用“几何体”“二维图形”“修改器列表”“贴图”和“材质”命令，再学习新的命令“工具”“阵列”。学生自主探究和观看视频课件，自主学习掌握旧的操作技能的同时，再学习应用新的操作技能。

（三）运用广西壮族特色女孩的“头饰、服饰、角色骨骼和蒙皮”进行三维角色的动画创作

富有广西特色的场景建模已全部建成，再引进主人公——一位壮族女孩，分别对壮族女孩的“头部”“身体”“服装与配饰”“角色材质”“封套”等进行三维建模，这一过程考验学生对壮锦元素的创新能力，并再次引导学生巩固运用“几何体”“修改器列表”“编辑多边形”命令，并学习“UVW 展开”“系统”“移动”“旋转”和“缩放”等新的命令，最终完成角色的身体和服饰的制作（如图 2 所示）。

图 2 壮族女孩三维建模

在情境创设的另一个环节，设计壮族女孩站在会展中心门前，为了感受广西浓郁的壮乡气氛，她迫不及待地想走进展厅内。在视频课件中，引导学习“设置关键帧”，调整关

节的变化，完成“踩踏关键点”的制作，创建“摄像机”调整到合适位置，“设置关键帧”，设置摄像机的运动变化，完成镜头的运动动画，设计出角色轻松欢快地向前走路动画（如图 3 所示）。

图 3　壮族女孩走进会展中心

（四）运用 VR 脚本完成壮族女孩的 VR 场馆初体验

设计壮族女孩在 VR 环境中畅游东盟场馆，感受广西浓郁的壮乡气氛。项目设计任务是 VR 场景搭建：在 Scene 界面中搭建两个场景：一个是会展中心的场景，另一个场景是会展中心地铁站 B 出口。

通过制作 VR 体验线路，让壮族女孩能在场景中带领大家体验会展中心的风采（如图 4 所示）。项目设计任务进行“VR 界面设计”，设计时需要在 Unity3D 软件中利用“UI”“Button”等完成体验线路按钮的制作。

图 4　制作 VR 体验路线

再用场景搭建中素材导入的方法来添加人物角色，并在原有操作的基础上增加新的操作点：创建“动画控制器”，为人物角色添加脚本，让壮族女孩跟随摄像机一起在印象南宁 VR 体验馆中畅游。设计时需要用到“触发”“场景切换”等技能方法完成角色人物的动作制作。线路围绕 VR 技术的实现，让学生初步体验南宁会展中心内外的风情和风貌。

四、 结语

正如习近平总书记所言，我们要“加快发展职业教育，让每个人都有人生出彩机会”，践行马克思主义实践观。创设情境教学是职业院校有效的管理模式。

综观职业院校的未来发展，职业院校在教学过程中，越来越重视以工作情境为目标创设教学环境，针对职业教育的对象特点、学情情况，教师选择采取合适的教学方法和培养模式，模拟真实的工作情境，使实训教学的课堂与工作场景相通相融，强调真实工作情境中的团队精神，让创设情境教学成为职业院校有效的教学管理模式。融合不同地域的民族元素的学习内容，不仅能培养学生的专业技能，还能提升学生创新务实的品质，爱岗敬业的职业素养，体验和传承广西民族文化，增强民族自觉、民族自信。

事实证明，坚持发掘传统的民族元素，充分利用中国优秀的传统元素，深入体会民族元素背后的民族精神，坚信“只有民族的才是世界的”，在动漫设计中融合中国传统的民族元素，凝聚民族精神，才能创作出具有民族特色的优秀作品，也能促进国产动漫产业引领中华文化走向世界——这才是未来中国动漫产业的出路。

参考文献

[1] 孟雅杰. 创设工作情境教学法及其在中职专业课教学的应用 [J]. 黑龙江教育学院学报，2011 (10)：89.

[2] 张国方. 创设情境教学环境是中职学校有效的教学管理模式 [J]. 教育与职业，2008 (5)：39.

[3] 彭敏霞. 基于企业和实训基地的动漫专业以赛促学教学模式探讨 [J]. 长江丛刊，2019 (33)：92.

[4] 郭立业. 传统民族元素在动漫设计中的应用 [J]. 艺术品鉴，2019 (35)：35.

第二节 谈中职动漫教育三维动画制作课程的实践探索[①]

广西华侨学校 李德清

【摘 要】 随着信息技术的发展，影视动画作品渐渐由二维动画向三维动画发展转变，游戏的开发也大量运用三维技术制作各物件，与虚拟现实的结合也加入了三维建模及美术。对于开设动漫专业的中职学校来说，如何跟上社会技术发展培养相应的人才尤为重要，很多学校也将三维动画课程进行开设和建设。广西华侨学校在动漫专业教学中对如何建设三维动画制作课程进行了大量的实践探索，对中职同类学校做好这一专业课程建设、持续推动动漫教育事业的发展有一定的参考作用。

【关键词】 中职动漫；三维动画课程；动漫教育；实践探索

三维动画制作课程已作为中职学校动漫专业的重要课程，教学中如何使学生掌握相关知识，需要我们探索适应这一年龄段的教育技术。在每年各省市职业院校技能比赛的引领下，中职学校的三维动画制作技术得到了很大的发展，在计算机动漫与游戏制作专业中开设“三维动画制作”课程的中职学校已越来越多。笔者在多年 3ds Max 三维动画制作教学经验中对这一课程的教学及教育的发展有一定的体会，任何课程的创设及发展都跟本专业的发展紧密联系，做好其中任何一门课程建设对专业的提升都至关重要，职业教育当中需要不断探索推进课程建设。

一、 我校开设三维动画制作课程的情况

我校开设三维动画制作课程从 2009 年开始，至今已有 11 年，其间经历了探索、改变、成长的发展历程，在探索课程教学方面有了一定的收获。我校在三维动画制作教学之初对广西区内外知名动漫企业进行了调研，了解企业岗位工作任务要求，即职业技能注重实用、职业资格注重资质、职业能力注重内化，于是我校按照工作过程的顺序开发课程。经过对动漫企业的调研了解，三维动画制作建模是基础，工作岗位分工明确，需要掌握熟练的软件操作技能，部分岗位工作侧重于美术造型、色彩。企业制作人员建议，在中职阶段应当注重学生对基础知识掌握，了解三维动画基本制作流程，入职后一般企业都会以实操检测聘用人员的技能水平，对工作技能要求较高，建议学生提升技能水平，最好经过中专的基础铺垫。因此，我校鼓励学生继续就读大专，提升能力及素质，提升职业竞争力。

我校在课程内容开发时注重岗位典型工作任务，并基于认知规律设计适合学生学习的内容。课程安排在中职二年级进行，开设两个学期，周课时是 6。我校三维动画制作课程

---

① 基金来源：广西职业教育计算机动漫与游戏制作专业及专业群发展研究基地。

教学设定偏向基础教学，课程的教学目标是使学生通过学习掌握三维软件操作基础。第一学期侧重建模教学，使学生通过学习能做出三维角色；第二学期学习绑定角色骨骼并以分组的方式制作动画广告小短片。我校设计了基础软件操作课，实现简单模型创建及搭配组合，让学生认识三维基本几何体创建，进行视图操作，理解三维软件。同时在教学中多引用三维游戏、影视作品相关的图例提高学生学习兴趣；再根据修改器的介绍以及编辑多边形操作，让学生掌握简单的刀、盾牌、木头房子、武器道具制作，这些制作虽有点复杂但易于实现，渐渐由浅入深教会学生以多边形对称的方式建立鱼、恐龙，四足动物马这样的基本几何体形态模型。学生先学习基本操作，再学习基本建筑物的建模，对三维环境创建、复合造型有一定的理解并掌握相关的操作技能，然后可逐渐引导学生掌握一定的全身形体的建模；再增加难度，通过对人物头部的建模介绍，使学生理解头部的建模，学会分析头部基本几何体构成、五官的布线。这一阶段往往有很多学生由于美术基础比较薄弱，学习有一定困难，作业的练习效果会比较差，这时需要教师耐心辅导，多鼓励后进生；同时让学生以分组的方式学习，并进行多次实操演练。教师在教学中要合理使用网络资源、视频，增加学生对角色建模的理解，比如录制难点操作辅助微课使学生学习便利。角色建模作为三维建模的重要知识，需要教师想办法攻克难点，并在教学中将企业对工作过程的命名规范、模型的布线要求、贴图展平布局要求、绘制贴图要求等加以介绍，使学生由兴趣入门渐渐了解更多岗位工作技能要求。以上的教学内容主要集中在建模技能的掌握这个学期，可与教育部1+X游戏美术设计师三维方向内容进行衔接，鼓励学生参加证书考试了解自己的学习情况及技能水平。第二学期重点在角色的骨骼创建及绑定方面，经过绑定后的角色才可以进行动作的制作。制作角色动画是做三维动画，学生结合掌握的动画运动规律，实现角色的动画创作。经过多年的探索和建设，本门课程将建设成为我校的校级精品课程。

二、　三维动画制作课堂教学存在的问题

经过了解发现，学生起初的学习兴趣是很浓的，但是软件太难，有很多复杂的操作步骤，学习时遗忘快。这是一个不得不重视的问题，如何能让学生有效率的学习尤其重要，需要我们不断在教学中探索及尝试。中职学生有懒得做笔记、不爱看书、课堂刚听过的知识难以在练习中凭借记忆重现的特点，但也有喜欢动手，喜欢新鲜事物如视频、手机娱乐，乐于配合完成任务的优点。专业教研组经过研究，发现学生学习遗忘快，需要引用能够吸引学生的东西进行引导，于是微课成为我们的选择。我们来用视频的方式录制短的关键制作步骤说明难点知识，让学生学习。经过不断探索，我们逐渐将想法付诸实际，按教育教学理论这样的形式称为翻转课堂。教学取得了一定的成效：在小组学习中一个小组制作的三维动画片《壮家水乡》，参加学生技能展洽会，获得一等奖；另一个小组制作的《霓虹闪烁绕八桂　彩线飞舞绘绿城》获得南宁市水幕电影二等奖。学生参加广西中职动画片制作技能比赛，在2013年和2015年获得全区一等奖。学校不但以比赛促进学生专业水平的提升，锻炼提升学生的创作能力，而且在教学中也鼓励学生多参加实训，毕业设计

也以小组的方式进行实践探索，以实际应用检测学习成效。

三、 网课在三维课程教学中的运用探索

在2020年新型冠状病毒肺炎疫情的影响下，学生无法按时回校上课，我校三维动画制作课程使用超星学习通的方式探索网课的建设，以活动、问答、小组研讨、视频学习的方式让学生在教师的引导下进行专业知识的学习。我们微课视频制作主要采用的方法有以下几点：（1）录制三维建模操作视频；（2）教师将三维动画制作关键操作步骤及演示文档录制成动画，设计习题、基于网络学习的相关活动、问题研讨、线下作业；（3）选取网上成熟的教学视频案例进行编辑。学生在线上自由学习状态中不太愿意花大量时间观看一个长的学习视频，需要教师根据学生的学习特点，探索学生学习网课的方式。

深化复合型技术技能人才培养模式改革，借鉴国际职业教育培训普遍做法，制定工作方案和具体管理办法，启动1+X证书制度试点工作。试点工作要进一步发挥好学历证书作用，夯实学生可持续发展基础，鼓励职业院校学生在获得学历证书的同时，积极取得多类职业技能等级证书，拓展就业创业本领，缓解结构性就业矛盾。基于国家职业教育改革实施方案，我校根据动漫专业课程的建设，积极申报获批1+X游戏美术设计证书试点院校，并根据专业发展不断培训提升师资技能水平，目前三维动画制作课程的教师都获得了广西教育厅中级“双师型”教师认证。学校鼓励专业教师多下企业，以促进学生技能掌握为方向进行课程改革；鼓励学生在专业学习中获取认证，不断提升自己的职业能力，为职业教育的发展不断探索。

在动漫专业三维动画制作课程建设中，我校大胆进行课程的改革探索，关注课程教学，关注职业岗位工作要求，制定符合学生学习需要的课程，并不断探索更好的课程建设方法。作为职业教育工作者应该关注国家职业教育发展制定的方针政策，培养新时代高素质职业人才。下一步我校动漫团队也是基于此继续进行新的尝试和探索，使学生学习更加便捷，技能得到更好的提升。

参考文献

［1］姜大源：职业教育学研究新论［M］. 北京：教育科学出版社，2007.

［2］《国家职业教育改革实施方案》（国发〔2019〕4号）［Z］. 2019.

第三节　移动互联网环境下的动漫创作发展与传播探究①

广西华侨学校　李德清

【摘　要】 国家在大力发展经济的同时也日渐重视人们的精神文化生活。在移动互联网环境下产生的新问题，值得我们去探索和研究。动漫的创作生产和传播与移动互联网紧密联系，在此环境下应当重视动漫文化发展的引领，在教育教学中贯彻国家对思想品德的教育方针。移动互联网时代下动漫创作人员要有新的使命和担当，在开发传播动漫作品时应当做好自我监管，以便适应时代发展的新变化。

【关键词】 移动互联网；动漫创作；发展与传播

新技术的发展、移动互联网的普及，要求动漫创作也应该不断变化。随着科技的进步，尤其是移动通信网络技术的发展，手机、平板电脑等硬件设备为人们的工作、生活、娱乐、提供了非常多的便利，深深影响着人们的生活。相比以往传统的纸媒或者电视，网络的传播方式具有新的特点，人们的阅读方式也随之发生变化，生活中手机、平板电脑等移动设备在不同年龄段的人们中都得到了大量运用。人们大量的空余时间被移动网络占据，动漫作品的生产与传播受到深远影响，动漫创作人员也迎来了新的机遇。从寻呼短信到现在5G普及，通信技术不断改变着我们的生活，未来对移动互联网的体验将会变得更好。技术进步带来网络速度的飞跃，这会带来更新的需求及变化，我们不禁感叹移动互联的世界可以大有可为，那么技术的进步对于动漫行业创作人员来说有哪些需要注意的呢？

拥抱新时代新技术，关注技术进步对动漫生产制作的影响，不改变不随着发展将面临被淘汰。动漫在短短的两百多年发展中，涌现出了很多优秀的作品，纵观其发展史我们可以得知，技术的进步一直促进动漫的技术生产。以动画片制作为例，20世纪初动画片生产逐渐发展，传统生产是通过动画师辛苦的绘制，制作工序烦琐，20世纪70年代后计算机技术的进步，再加上相关软件，使二维动画、三维动画渐渐在制作生产中占据主流。大量新的专业软件应用使得制作技术越来越进步，技术进步使得制作生产出现了变革，而手机的进步使得移动互联网普及，传播方式又得到新的发展，移动互联网传播作品迅速，产生大量的内容需求。2020年互联网文娱市场达到1 078亿元，网络动漫收入高速增长，使用手机从移动网络中获取信息和娱乐已经很普及。这都是动漫行业人员需要关注的。同时需要注意，拥抱新技术也不能忘动漫的本质，就是创造赋予灵魂，使用新技术制作服务于我们的内容，表现好中国文化，不能因技术的进步而忽略动漫故事内容的呈现。传统生产制作出的优秀动漫故事值得我们学习，同时也要对比目前世界动漫发达国家的动画片表现形式，知名动漫作品、动漫英雄形象在全球的影响，这些都是我们要不断奋斗的目标。技

① 基金来源：广西职业教育计算机动漫与游戏制作专业及专业群发展研究基地。

术的发展加上文化的自信，相信我们的动画作品会不断得到进步。

动漫作品在新技术发展背景下有很多新的表现形式，以绘画能力展现为主要表现形式的漫画作品也渐渐由传统的纸媒体发展到了电脑网络端。在线音乐、有声音频、长视频、短视频、动漫、在线阅读、社交网络、直播、资讯和游戏等，共同构成当下多样丰富的移动互联网内容生态。随着移动互联网的兴起又逐渐出现相关的专业漫画平台，各大平台也有更加细致的漫画分类，如中国风、玄幻风、体育类、校园类、青春少年类、青春少女类、冒险类等。漫画以夸张幽默搞笑的手法表现很多有趣的故事，与以往传统漫画以单一黑白印刷呈现在纸媒的方式相比，现在的漫画制作普遍使用计算机辅助，而且更新的方式是由作者直接通过应用平台发布。同时观看者还可以通过评论作品、送支持奖励等方式和作者互动，反馈阅读作品后的意见及感受，优秀的作品会被大量地推荐及转载、分享、订阅。以前通过统计销售量的方式了解作品是否受读者欢迎，现在变为阅读作品量、转载量。作品营利方式也多元化，付费阅读、周边产品开发，应用平台分成等也激发了很多网络作者的创作，诞生了从事漫画创作的职业人。大的应用平台也在加大投入这一领域，各大门户网站也利用自身优势开辟动漫模块，孵化优秀作品，对于优秀的作品平台会投入资金进行版权洽谈，购买知名热门作品的电影或者电视开发版权，这也给学习动漫专业的同学带来很大的机遇。技术的进步、创作的便利，是新的文化生态，要做文化精品，做好内容必须要有前瞻性的眼光。现在有一些不良的文化在动画作品中呈现，如青少年早恋、引导暴力犯罪、同性恋等，并在网络上广泛传播，对青少年身心健康产生不良影响。动漫教育机构承担人才培养的职责，应当在教育中积极引导学生进行优秀文化创作。同时各个平台也应当加大审核，把控作品总体方向。移动网络作品也代表了国家新的文化发展方向，我们既要文化发展大繁荣，也要摒弃不良文化的传播造成的不良影响，做有文化责任担当的人。

动漫作品在移动互联网时代有广泛需求，能广泛传播的动漫作品源于作品足够优秀。移动互联网爆发的时代也是动漫作品创作的高峰时代，需要创作符合时代发展的作品。自媒体、视频平台都对优秀动漫作品有巨大的需求，反映社会生活的动漫作品易于被大众所接受，作品被广泛应用在生活娱乐、工作生产的方方面面。国家提倡创新创业，移动互联网时代动漫行业相关的创新创业也有非常多可深入发掘的文化。以广西中职动漫教育发展为例。广西华侨学校在中职动漫教育中积极探索对动漫专业人才的培养，并在探索动漫教育中形成自己的特色。在动漫专业教育中鼓励学生了解壮族优秀文化，如壮锦、铜鼓，并将其融入动漫创作中。在专业特色养成的同时，加强对信息技术的学习，使学生更多地掌握动漫专业制作技术；鼓励学生保持创作热情，积极创作作品，锻炼综合能力。毕业设计时教师引导学生分组制作作品，同时要求学生创作的作品要符合时代发展的需求，内容上不要宣传负面消极、低俗的主题故事。学生的作品中出现了很多正面意义的主题，如感恩父母，善待老人、童年的美好时光、爱护环境、快乐的小女孩、难忘中职同学情、严禁吸烟、不要酒驾，可以看出学生们的创作方向还是非常正面的。这也是我们职业教育人在教育中的职责所在，人才的思想培养需要加强教育方面的引导，通过教师正确的引导把握思想的正确方向。

基于以上论述，我们需要研究移动互联网环境下动漫创作的发展，关注动漫创作的方向及人才培养，传播优秀文化。我们也应当积极鼓励创作优秀作品，大力宣传，通过媒体、论坛、视频网站传播，打造知名动漫文化品牌，做好文化版权的保护。国家正在大力推进 5G 移动技术网络建设，不久的将来实现新跨越，未来三维动画制作技术也将进一步发展，在展示作品、沉浸式互动体验方面需要开发更多的技术，将知识与技术完美结合，展现中国动漫创作人员的优秀动漫作品。

移动互联网爆发性增长改变着我们的生活，动漫的创作也应当随着时代的发展借助技术的进步实现新的跨越，创作作品要拥抱新技术，利用移动互联网广泛传播，同时也要保证创作内容方向的正面引导，利用好移动互联网优势宣传我们的文化，形成技术进步与文化发展的良性循环，促进国家文化发展大繁荣。

参考文献

［1］艾瑞咨询. 2020 年中国移动互联网文娱市场数据发展报告来源［EB/OL］. http://report. iresearch. cn/report_pdf. aspx? id=3603.

［2］艾瑞咨询. 2020 年中国移动互联网内容生态洞察报告［EB/OL］. https://www. iresearch. com. cn/m/Detail/report. shtml? id=3593&isfree=0.

第四节　谈中职“二维动画制作”课程教学实践中 Flash 骨骼制作技术的运用

——以广西华侨学校为例①

广西华侨学校　李德清　闭东东

【摘　要】 在计算机技术飞速发展的时代，中职动漫专业的基础教育也随之发展，在课程中二维动画制作是动漫专业的必修课，本人在二维动画项目制作中教学实践中收获些许经验，希望借此能给大家在教学改革上提供一定的借鉴。本文主要探讨骨骼工具的运用技巧及骨骼技术制作二维动画的教学实践，探索出促进二维动画教学发展的教学方式。

【关键词】 二维动画；Flash 骨骼；动画制作技术；教学实践

广西华侨学校计算机动漫与游戏制作专业经过多年建设在全区中职学校中形成一定影响力，推动着我区中等职业学校动漫教育人才的培养。在探索计算机动漫与游戏制作专业建设及校企合作的过程中积累了丰富的专业建设经验，并牵头组建广西动漫教育职教集团，在区内外进行专业建设发展调研及校企合作研究，推动发展广西动漫职业教育发展，以民族和动漫相结合的方式设定教学内容，形成了本校有活力的适用实用的中职动漫专业课程。二维动画制作课程经过多年建设，实践丰富，以德育人，提升了学生专业技能，为学生学习创作代码制作提供了实现途径。

一、 Flash“骨骼” 的特点

Flash CS4 等多个版本拥有“骨骼”这一功能，笔者在使用中发现可在剪纸风格、皮影戏风格的制作中发挥其特点，使学生易于理解。其优点为：使完成动画的元件分部件链接更便捷，制作关键帧动画时动作调整快速；使骨骼有移动旋转功能和约束功能，同时在移动中还有速度选项设置，如对移动旋转有加减速要求的话可进行相关的设置；完成的角色姿势动画补间直观；骨骼具备反向运动功能；控制动作完成的时间与姿势调整，即可快速调整动画姿势转换关键帧，转换后可局部继续进行动画的调整；结合元件及场景的图层分层运用可快速调整动作、快速制作动画短片。所以笔者在教学实践中运用这样的技术，并融入民族文化元素——剪纸风格，教学效果呈现良好。

---

① 基金项目：广西职业教育第二批专业发展研究基地（桂教职成〔2018〕65 号）；2020 年度广西职业教育教学改革研究项目（桂教职成〔2020〕37 号）“‘一体两翼、四方驱动’的政校企行协同的数字文化产业专业群人才培养模式研究与实践”（GXZZJG2020B074）

二、 二维动画制作课程教学实践中选用 Flash“骨骼” 制作的原因

中职学生耐心有限，长时间调整逐帧看不到动画效果，会使他们兴趣降低；美术较差的同学无法完成一些简单的制作；所以选用“骨骼”制作，便于学生接受及理解。Flash CS4 之后出的更新版本软件都附带二维的“骨骼”功能，如 Flash CS5/CS6 等多个版本均有此工具。更换名称后的 Flash 软件变为 Animate，这几个版本都有“骨骼”功能，教学中可方便使用。通过 Flash“骨骼”实现角色动作动画的制作效率比二维逐帧绘制补间迅速，可快速提升制作效率。在原动画设计完好的情况下，学生可根据动画关键帧调整“骨骼”，使角色快速达到特定动画姿势。快速解决角色的动作是二维动画的关键制作步骤，可把节约的时间用于调整动作及想制作的动画剧情，且高端专业的二维动画软件也拥有“骨骼”功能。因此掌握 Flash“骨骼”的运用是基础，易于持续提升制作技能。

三、 骨骼工具在二维动画制作课程教学实践中的情况

（一）如何使用 Flash“骨骼”这一功能

使用“骨骼”这一功能需用脚本语言 ActionScript 3. 0 创建文件，然而很多制作者忽略或者将此功能的使用加以限制。在制作剪纸风格动画当中 Flash“骨骼”功能有很大的优势，笔者在教学中利用其优势制作完成了一段动画影片演示，进而测试“骨骼”功能的皮影风格动画制作效率。使用 Flash“骨骼”进行骨骼链接时仅支持元件，元件的修改会直接影响使用元件的场景中的动画，我们可以利用这一点在制作中随时更改元件。做完一个角色，如果另存文件时更改元件名称及修改元件内容即可快速改变角色形象在一定范围内的同一套动作，制作效率提升迅速。教学中参考传统的动画皮影《猪八戒吃西瓜》，以软件制作的方式完成同片同故事猪八戒形象动画仿制，通过实践操作完成其制作速度及“骨骼”功能运用的测试。

（二）如何有效利用“骨骼”功能实现皮影风格的动画制作

为解决人物骨架的整体移动，将整个角色建在图形元件当中，使文件便于管理，采用分层方式将单独的手部或腿部关节做骨骼链接，相关的元件应当合理地命名。笔者将制作顺序进行归纳，向学生讲解制作思路：先绘制元件，再绑定“骨骼”驱动完成动作的设计，然后运用序列帧输出至合成软件拼合排序，最后添加音频完成制作。以这样的方式解决二维动画制作中角色动作的制作，便于后期运用软件对素材进行剪辑合成，输出更多格式及角色。下面根据制作经验分析要点：

1. 静态制作的实现步骤

（1）借鉴传统皮影造型及美术特点进行创作，我们可以根据角色设计稿绘制角色的分部分元件。

（2）元件的绘制。使用绘制工具完成头、手、上臂、前臂、身体、大腿、小腿、足各

个元素的绘制。应注意绘制时使用元件或者影片剪辑的类型，因其骨骼链接需要元件作为部件；且绘制时注意角色的关节转折处，即元件间的交叠处理。皮影风格角色链接身体的肩膀、手肘、脖子、大腿转子、膝盖关节转折处适合使用半圆形外凸的方式交叠处理，为的是方便元件的骨骼绑定，同时绘制完成后注意修改元件旋转中心点，应当将其移动到关节转折的一侧。笔者制作的猪八戒形象元件叠加情况如图 1 所示。

图 1　猪八戒形象元件叠加情况

（3）整体组合完成角色元件的制作。绘制完皮影角色各个分元件后进行角色的图形元件的创建，关节未链接前的角色四肢元件应尽量水平或垂直放置，方便链接骨骼的选定，再在其中进行分层的角色拼合，整个角色的位移旋转变形由图形元件进行控制，同时也是为了避免场景制作中多图层易于发生调整及选择层的混乱。在角色图形元件中对绘制的影片剪辑进行拼合时也需要注意适当地分层，手脚独立分层绑定骨骼后运动调整更自由，如图 2 所示。

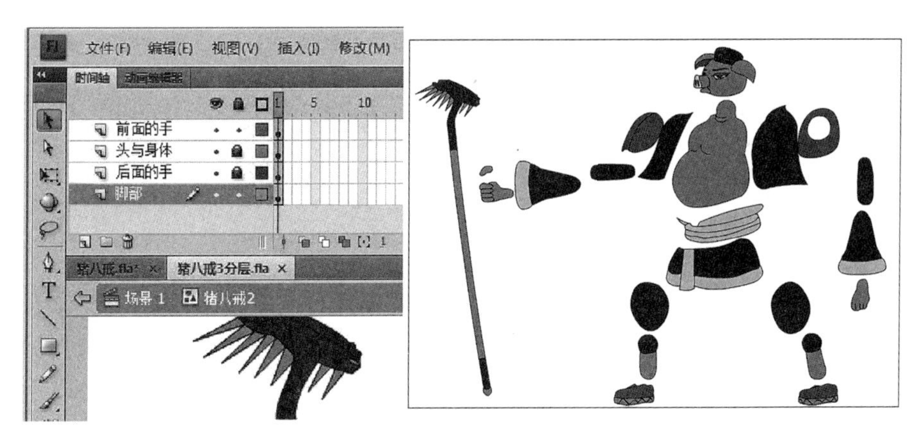

图 2　猪八戒形象的分层

（4）骨骼的链接绑定。我们需要了解先选的骨骼关节为父物体，后选的关节元件为子物体，应由内往外侧关节链接骨骼，例如使用分层绑定，从手臂，到头、身体、衣服，再到脚部。调动作时可使用图层对不动的部分进行锁定，方便操作。调整完后骨骼的链接应根据关节运动的特点，使用“约束”功能将无位移的关节元件固定下来。

（5）绑定后的整理工作。调整后会新建姿势层，原来图层可清除，以便做动作时调整各个姿势层。如果绑定时链接的元件前后顺序错位，应进行元件前后的排列，使造型合理。笔者使用五层，一层后脚、二层前脚、三层后部的手、四层头身体、五层前面的手，如图 3 所示。

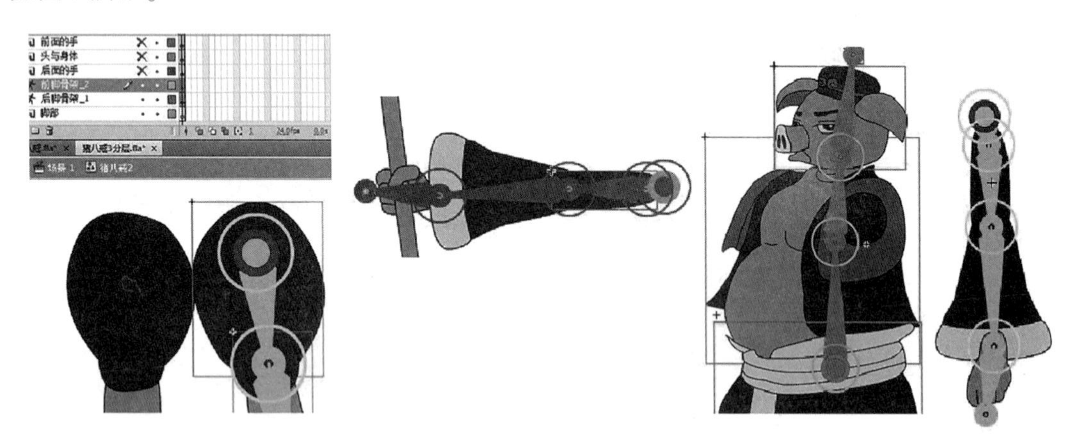

图 3　猪八戒分层绑定

2. 动态制作的实现步骤

（1）完成动作制作前库中绑定好的角色应作为标准角色留下，可以使用库中复制元件并命名的方式，也可另存文件后再调整动作，场景中的动画也是运用调整后有动画的元件进行组合。绑定的角色动作在姿势调整层做角色的动作调整，依次转动骨骼，调整完姿势再进行下个关键动作的调整。姿势动作的调整如图 4 所示。

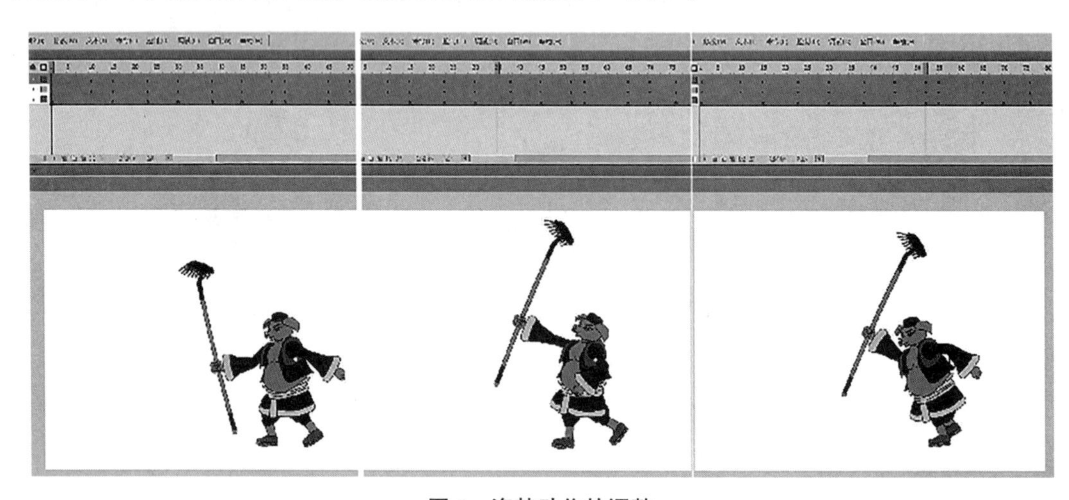

图 4　姿势动作的调整

（2）使用元件修改很方便，且易于更换颜色，便于创造出细节丰富的角色，制作效率及艺术性可以兼具。同时使用 Flash 方便进行背景的绘制和更换风格，如图 5 和图 6 所示。

图 5 调整动作不变修改形象

图 6 添加背景

(3) 影视后期合成制作阶段，输出的格式应选择带透明通道的图片格式。Flash 的制作部分完成后，再进行动画短片的后期合成及配音。

(三) Flash“骨骼”功能在制作中的拓展运用

除剪纸或皮影戏风格角色的制作外，动画中如果出现马、狼、猴子、蛇，也可采用这样的思路进行制作。通过教学实践，学生掌握迅速，易于理解，由此可以体现出 Flash“骨骼”功能的便捷实用，制作高效。

四、结论

Flash“骨骼”功能的教学易于实施，可方便学生快速掌握二维动画制作技能，提升制作效率，极大激发学生的创作兴趣，对于二维骨骼教学及学生运用创作动画片有一定的参考价值。

参考文献

[1] 陈洪娟. 基于 Flash 制作 2D 动画的理论探讨与技术革新研究 [D]. 济南：山东师范大学，2009.

[2] 陈方，刘鹏飞. 基于 Flash 骨骼工具的二维角色动作设计 [J]. 美与时代（上），2012（9）：95-97.

第五节　高职“动画视听语言”课程教学改革的研究与实践[1]

广西机电职业技术学院　张建德[2]

【摘　要】我国作为一个文化大国，在发展文化教育方面应当始终坚持文化自信，要充分发扬我国的民族优秀传统文化。“动画视听语言”是高职院校动画专业核心课程，也是学生踏入动画专业的启蒙课程，不仅是专业知识上的启蒙，更是思想意识上的启蒙。正确地引导学生认识动画、思考动画，才能培养学生采用合适的民族元素创作动画，培养学生用动画的语言弘扬民族传统文化，用动画的方式传达正确的人生观、价值观。

【关键词】民族传统文化；课程教学；动画视听语言；教学改革

树立和推广中国优秀文化，是新时代高职院校培养动画人才的重要任务。从当前我国高职院校课程体系设置情况来看，专业课程是高职院校教学的主体，而思想教育理论课程也贯穿高职的每个阶段。专业课程和思想教育课程并不是相互独立存在的，很多专业课程中含有思想教育的内容。因此高职院校充分发挥其他课程的思想教育内涵，通过“课程”的专业教学改革，在专业课程教学的各个环节，充分发挥专业课程中的价值渗透和引领作用。据此，本文以“动画视听语言”专业课程为例，研究和探索如何在专业课程教学中促进思想教育。

一、高职院校“动画视听语言”课程教学的研究

（一）“动画视听语言”课程特点

“动画视听语言”是高职院校动画专业基础课程之一，这门课程的教学内容主要有动画作品基本构成元素及其组织语法，需要学生掌握镜头语言和听觉元素应用：一是在动画制作塑造角色形象的过程中视听语言能够起到强大的表现作用；二是在进行动画创作过程中视听语言有助于角色的情感传递，同时也能增强观众与角色之间的互动；三是动画艺术具有一定的特殊性，需要展现特殊的角度与镜头，视听语言的运用不仅能够提升动画作品的欣赏性，还能够给观众带来不一样的视听感受。

（二）“动画视听语言”课程中教学的思想体现

纵观当前全球化发展趋势，世界处于一个多元化发展的阶段，不同文化带来的冲击是各国文化发展必须应对的方面。动画作为文化传播的载体，对于人们的价值取向和行为准则有一定的影响作用。就“动画视听语言”课程而言，其思想教学主要体现在以下方面：

---

① 项目来源：广西职业教育计算机动漫与游戏制作专业发展研究基地项目（桂教职成〔2018〕65号）研究成果。

② 张建德（1974.12—），男，广西宾阳人，研究生学历，正高级讲师，研究方向：信息技术类专业职业教育。

第一，培养民族自信心、文化自信和社会责任感。通过“动画视听语言”课程的学习，选用经典影视作品作为教学案例，使学生能正确处理动画与电影、文学、音乐的关系，在创作中要彼此滋养、开掘；同时尊重文化多样性是发展本民族文化的内在要求，也是实现世界文化繁荣发展的必然要求。中国动画发展从曾经的意气风发到后来的蹉跎难行，中国动画旺盛的生命力不能局限于一味地模仿，必须扎根于自己民族的肥沃土壤。“中国学派”将会引发同学们对祖国灿烂文化遗产的自豪感，“探民族风格之路”，深入挖掘中华优秀传统文化价值内涵，进一步激发中华优秀传统文化的生机与活力，展现中国之美，说中国自己的故事，才能走出中国动画的特色道路，树立文化传承与创新的责任观。

第二，树立正确的价值观、审美观。“动画视听语言”课程中，会对不同国家或地区的动画特征进行介绍，要引导学生坚持辩证唯物主义和历史唯物主义，秉持客观、科学、礼敬的态度，取其精华、去其糟粕，扬弃继承、转化创新，不复古泥古、不简单否定，不断赋予新的时代内涵和现代表达形式，不断补充、拓展、完善，使中华民族最基本的文化基因与当代文化相适应、与现代社会相协调。学习和分析各种哲理类、伦理类动画短片，让学生明白中华优秀传统文化蕴含着丰富的道德理念和规范，如“天下兴亡、匹夫有责”的担当意识，“精忠报国、振兴中华”的爱国情怀，“崇德向善、见贤思齐”的社会风尚，“孝悌忠信、礼义廉耻”的荣辱观念，体现着评判是非曲直的价值标准，这些都会潜移默化地影响中国人的行为方式。只有树立正确的价值观、审美观，才能创作出优秀动画作品。

二、 高职院校“动画视听语言” 课程教学实践探索

教学不仅仅局限于理论课的讲解，更要在专业课程中进行思想教育，让学生在专业课程中体验和实践，在实践中拓展思想，促进自身素养的提高。专业教学中教育工作的开展，最重要的是以学生为中心，全面关注学生的发展需求，通过创立恰当的教学情景，寓教于乐，在掌握知识的同时塑造人格、提高素质。

（一）“动画视听语言”课程教学存在的问题

1. “动画视听语言”课程教学存在观念误区

课程教学内容包括镜头、景别、场面调度、声画配合以及剪辑等专业知识，这些专业知识技能涵盖了整部动画作品创作，这门课程与动画创作、视频编辑等其他本专业相关课程具有重要联系，有较强实用性价值，直接关系到学生制作动画作品质量。但在实际教学中，教师未能正确认知到这门课程的重要性，学生在学习时，由于理论知识较为枯燥乏味，容易出现重实践轻理论现象，并且学习相关知识时，缺乏认真的学习态度，学生只关注期末考核内容和取得的分数。

2. “动画视听语言”课程教学中缺少实践

该课程一般作为基础课程，在专业课程之前便讲解“动画视听语言”课程知识内容，在学生未能实践操作之前学习场面调度、剪辑、构图等知识，容易在学生学习知识过程中

造成距离感，学生不能深入理解教学内容，存在一定学习困难。另外，教师在课堂教学中多使用案例讲解知识点，学生缺少实践经验支持，会觉得一些知识内容较为简单，从而产生盲目自信，在后期开展针对性实践时，学生学习积极性会受到打击。

3. “动画视听语言”课程教学中缺少“民族传统文化”元素

课程内容以动画的相关概念、本质、历史发展与现状、制作流程、创作思维等为主。授课以理论与实践相结合的方式。近几年动画专业的学生对于动画的认知，较偏向于欧美日韩风格的动画，故事内容也主要偏向于校园、神话、青春偶像等。随着国家政策对动画产业的鼓励，国产动画中也有不少具有中国风的动画出现，例如《哪吒之魔童降世》《魔道祖师》等。尽管这些动画具有中国风元素，也具有一定的中国特色，但仍然能看出欧美日韩风格的影子，它们具有中国风但不够“中国味儿”，学生很少去深入和全面挖掘中华民族传统文化。

（二）“动画视听语言”课程教学改革的途径

1. 融入“民族传统文化”元素的必要性

之所以有很多国产动画作品风格偏向于欧美日韩风格，主要原因之一就是对中华民族传统文化不自信。学生喜欢看日本、美国的动画，也是对国产动画的不自信。作为动画专业启蒙课的动画概论课程需要从根本上改变学生不自信的心理，否则，很难让学生自己主动去挖掘中华民族传统文化，主动运用民族传统文化进行创作。因此，在“动画视听语言”课程中融入“民族传统文化”的元素是十分有要的。

2. 融入“民族传统文化”元素的实施过程

（1）在课程整体设计中融入教育。

在专业课中开展教育，关键在于德育教育和专业课程的整体有机结合，需要把握专业课程中如何恰当地载入教育。也就是说在，教育环节的各个方面，融入教育内容应该合理，让学生能够在专业课程的内容中潜移默化地受到教育的影响，不能为了需要教育而专门设立教育内容，更不能喧宾夺主，将专业课程变成纯粹的思想教育课程。所以在“动画视听语言”课程原有的教学大纲基础上，对课程性质与目的进行了补充，专业主讲教师、骨干教师共同研讨该课程教学大纲，分析课程的性质和特点，系统梳理课程的教学内容和教学素材，深入挖掘专业课程蕴含的思想教育资源，与相关学科交叉融合，将理想信念教育、社会主义核心价值观教育、中华优秀传统文化等融入专业课的讲授中，将“价值引领、知识传授、能力培养”的理念始终贯穿人才培养全过程和各环节。

（2）在教学实施过程中注重选用具有“民族传统文化”的典型动画作品作为教学案例。

“动画视听语言”课程中的教学案例中可以更多地将中国动画发展史的经典动画作品作为案例，让学生从意识上重视中国动画发展史，欣赏了中国的水墨动画、剪纸动画，就会增强文化认同感和民族自信心，同时也会引导学生思考如何传承这些优秀文化遗产，不断增强中华优秀传统文化的生命力和影响力，创造中华文化新辉煌。

“动画视听语言”课程教育理念应将“民族传统文化”如春风化雨般地融入课程中，

刻意植入会受到学生的排斥。可以采用知识传授与价值导向相统一的方式，让学生在专业授课中自发地产生情感。中国动画发展史中具有丰富的元素可以融入课程的教学中。例如，中国动画的先驱者万氏兄弟，他们在过去艰苦的环境中，始终秉承“中国动画要让同胞觉醒起来”的责任感创作动画，创作出许多令世界瞩目的动画，如《铁扇公主》，这部影片是东南亚第一部动画电影。又如，早期动画作品《骄傲的将军》中的京剧元素、《大闹天宫》中的中国神话故事、《一幅壮锦》中的壮族元素都具有非常丰富的“民族味儿”。其中，《骄傲的将军》《大闹天宫》受到国内外的一致好评。除此之外，这些优秀的动画作品从内容上也富有鲜明的价值导向，例如，早期动画的先驱者万氏兄弟提倡的“不忘初心，砥砺前行”，《天书奇谭》中提倡的诚信、正义的处事原则，《骄傲的将军》中提倡的“胜不骄败不馁”的人生态度，《一幅壮锦》中提倡的“善良、勤奋、孝道”的人生观、价值观。通过这些内容的融入，让学生在欣赏动画的同时可以感受到做人的道理，教育也可以自然而然地融入学习中去。通过主动学习、主动思考的教学方式，学生从中国早期动画作品中寻找“中国味儿”，如《天书奇谭》中的腰鼓“陕西味儿”、舞龙舞狮中的“广州味儿”、百鸟朝凤中的“中国神话味儿”等，寻找自己家乡的“民族味儿”，从而拓展思维，从身边挖掘民族文化，形成文化自信，产生民族自豪感。最终通过讨论国产动画现状与未来趋势的方式让学生进一步承担民族文化传播的责任。

（3）在学生实践过程中进行价值引领。

从教学内容来看，视听语言是一门偏理论的课程，因此，帮助学生建立视听语言构成的影像环境需要扎实的理论知识作为基础。视听语言课程的理论知识需要通过实践教学来实现进一步升华，不论是镜头转换还是场面调度，都需要在大量的动画制作实践中总结归纳。因此，强化视听语言课程的实践教学能够帮助学生巩固理论知识。视听语言课程很多情况下都是与项目教学紧密结合的，在视听语言课程中运用项目教学法可以设计不同项目让学生完成，例如制作动画短片、绘制画面分镜头脚本等，使其在完成项目的过程中深化对抽象理论知识的理解，促进动画中画面与声音更好的融合，从而形成高质量的动画作品。通过对经典影视制作品“拉片”项目实践，引导学生从中华文化资源宝库中提炼题材、获取灵感、汲取养分，把中华优秀传统文化的有益思想、艺术价值与时代特点和要求相结合，运用丰富多样的艺术形式进行当代表达，推出底蕴深厚、涵育人心的作品，比如重大革命和历史题材、现实题材、爱国主义题材、青少年题材等，从而彰显中华文化的精神内涵和审美风范，实现用动漫文化加强主流意识形态引领。

三、结语

通过本课程的学习，学生了解“动画视听语言”的核心概念与专业术语，熟悉动画的基本理论，并对其发展概况有一定认识，掌握动画特征，具备对动画作品的理论分析与研究能力，为后续的动画学习与实践创作打下坚实的理论基础；同时也能用优秀的人类文化和民族精神陶冶心灵，用社会主义核心价值观来引领发展，提升人文素养和社会责任感，情感得以升华，价值观趋向正确，为创作出有中国时代特色和民族风格作品打下基础。

在高职院校课程教学改革，加强“学科育人示范课程”建设中，作为专业课教师，我们将继续发挥课堂主渠道的作用，探索专业理论课程教育功能，在帮助学生主动学习、自主发展、富有创新精神和创业能力，以及人文素质的提高与养成等方面发挥重要作用。

参考文献

［1］陈国亮，陆宇峰，王春艳. 基于“赛教融合”的高职模具专业教学研究与实践［J］. 机械职业教育，2019（6）：24-27.

［2］王睿. 基于以赛促教视角下教学模式的改革与探索——以计算机基础课程为例［J］. 辽宁高职学报，2018（9）：30-32.

［3］林美. 以赛促学以赛促教——高校计算机专业课程教学模式改革［J］. 广东职业技术教育与研究，2018（2）：76-78.

［4］刘涛. 基于赛教融合的多层次技能竞赛平台的运作研究［J］. 高等职业教育（天津职业大学学报），2018（3）：42-46+51.

［5］张岩. 浅议“以赛促学，以赛促教”的教学新思路［J］. 现代职业教育，2018（21）：166-167.

［6］赵蓉. 高职会计专业“赛教融合”教学模式改革与探索［J］. 纳税，2020（6）：99+102.

第六节　民俗文化元素在“动画造型基础”课程教学中的应用与研究①

广西机电职业技术学院　张建德②

【摘　要】 动画造型决定着动画片整体质量。中国动画具有浓厚的民族风格，中国民俗元素深厚的文化底蕴可以推动动画造型的发展。中国动画具有浓厚的民族风格，有利于提升学生的动画制作技能与思维，发挥职业教育传承创新民族传统文化的积极作用。本文围绕中国民俗元素与动画人物造型设计的关系进行阐述，探索在动画造型设计中融入中国民俗元素的策略，以促进动画造型设计的发展，提高教学质量。

【关键词】 民俗元素；动画造型；教学实践

中国动画片因为它独到的民族特色而独立于世界动画之林，散发着它独特的艺术魅力。目前，中国动画正在步入一个最好的时代，如何推动国产动画持续发展，使之与人民群众对美好生活的向往相适应，与建设社会主义文化强国相适应，是关心中国动画的人都在认真思考的问题。中国动画发展，要坚持价值引领，塑造时代新人；坚定文化自信，弘扬民族精神；坚持创新开放，打入国际市场。

动画对青少年思想观念和人生道路具有十分重要的影响，以正确的价值观引领青少年健康成长，是动画创作者的基本责任。中国动画必须把社会主义核心价值观作为创作之魂，将正确的价值观与生动的艺术巧妙结合，做到有意思更有意义，大力弘扬真善美，传播人间正气，引导青少年崇尚理想道德奋斗，认清对错美丑，自觉做有自信、尊道德、讲奉献、重实干、求进取的时代新人。优秀作品总是深深扎根民族文化的土壤，中国特色社会主义伟大时代为动画提供了取之不尽的故事形象、灵感和力量。

一部动画片的动画造型在很大程度上传达了该动画片的风格、角色特点、主题的表现与画面美感等多层面信息，甚至直接决定了其创作质量。一部优秀的动画片，往往能够通过动画造型准确传达作品的故事情节与人物独特的性格。中国的动画产业要想取得长远发展，不但要吸收先进的动画创作理论与制作技术，而且应充分融入中国传统的民俗文化与民俗元素，从而促进中国动画产业快速、健康发展。

一、　中国民俗元素与动画造型设计

中国传统文化对于中国式动画造型设计发展具有重要影响，而传统文化中的民俗元素是形成中国式动画造型风格的主要原因。纵观中国动画造型的发展可以看出，中国博大精深的文化与丰富的动画素材，成就了我国特有的动画造型风格。在我国动画片中，中国民

---

① 项目名称：广西职业教育计算机动漫与游戏制作专业发展研究基地项目（桂教职成〔2018〕65号）研究成果。

② 张建德（1974.12—），男，汉，广西宾阳人，研究生学历，正高级讲师，研究方向：信息技术类专业职业教育。

俗元素被广泛采用。如《大闹天宫》《秦时明月》与《哪吒闹海》等动画片，在人物的造型设计与动作设计方面，都带有浓郁的中国特色与民族风格。以《哪吒闹海》为例，无论是小哪吒以红色为主色调的造型，还是重生后添加了水绿色的造型，或是哪吒的父亲李靖和东海龙王的造型，无不应用了中国民俗元素。民间年画、中国戏剧的舞台风格，都是《哪吒闹海》中的人物造型设计来源。《大闹天宫》这部动画作品受到国内外的好评，在动画造型方面，《大闹天宫》吸收了民俗文化的精髓，借鉴了敦煌壁画、中国戏剧等传统艺术特色，生动演绎了孙悟空的形象，使其成为荧幕英雄。

二、 中国民俗元素在动画造型教学中的实践

（一）在教学中引导学生了解传统文化

在进行动画教学时，教师要有选择性地吸收传统文化中的优秀元素，使之满足教学需求。教师应在动画教学中融入中国民俗元素，分析中国民俗元素的产生、发展过程，深入挖掘中国民俗元素的精神内涵与相关艺术表现手法等。在课堂教学过程中，教师要有计划地带领学生认识、剖析中国民俗文化中的视觉元素，了解与其相关的信息，择优传承，从而培养学生对中国传统民俗文化的学习兴趣，提高学生的审美水平。教师可以在教学中加入对中国书法、皮影戏、剪纸、年画、水墨画和敦煌壁画等艺术形式的鉴赏环节，引导学生了解中国民俗元素并结合学习生活进行创作。教师除了安排基本的动画理论课程、造型课程、表现技法与计算机课程，还要适当增加采风实践机会，引导学生学会搜寻各类传统民间文化，了解不同地区的民俗文化、民间工艺与传统建筑等，使学生逐步学会运用中国民俗元素进行动画创作。只有引导学生深入了解中国民俗元素，进一步挖掘其精神内涵，学生才能更好地将其与现代元素结合，从而创造出具有时代感和民族特色的优秀动画作品。

（二）吸收并借鉴传统民俗元素，发挥职业教育文化功能，传承创新民族文化

在动画造型设计教学过程中，教师要引导学生吸收中国民俗元素，并借鉴绘画技法、神话形象、戏剧脸谱、壁画造型和佛像雕塑等富有中国特色的民俗元素进行动画造型设计。如，《大闹天宫》的背景、人物造型、配乐等设计都吸收了中国传统文化的精髓，孙悟空、土地公与仙女等人物造型大多借鉴了敦煌壁画、中国戏曲等传统艺术。《小蝌蚪找妈妈》则运用了水墨与色彩塑造造型，显得朴素自然、生动形象。《九色鹿》则由敦煌壁画改编而来，线条柔和，色彩采用了我国传统的“五色”，对色彩的搭配极为重视，给人浓重、强烈之感。而《人参娃娃》中的小人参娃娃的造型设计中添加了年画元素，赋予人参娃娃吉祥如意的美好寓意。这些动画角色的造型设计，吸收了中华优秀传统文化的艺术元素，为我国的动画片发展注入了新鲜的血液，有利于我国动画产业的发展。

（三）民俗文化元素在动画造型中的教学应用

中国民间美术历史悠久，是中国人在劳动生活中创造并享用、传承的精神物质产品。

中国民间美术中包含着民俗文化元素的剪纸、木版年画、壁画、皮影，其造型艺术饱满而完整，充满生命的活力，具有动画造型所需要的元素，为动画造型的创作提供了丰富的养分和灵感创意源泉。

1. 形的提取

动画片中有很多造型设计的灵感来自民间美术中的造型，并加以提炼和概括，创造出成功的动画造型。经典之作《大闹天宫》为孙悟空设计形象时，吸取剪纸、木刻年画、京剧脸谱等民间美术的精髓，借鉴京剧中对比强烈的传统色彩，采用装饰风格，运用想象力和创造力，以《西游漫记》中具有装饰性的孙悟空和京剧中的“大圣”形象进行动画素材的整合，塑造出广受观众喜爱的孙悟空的经典形象。创作者张光宇先生创造性地将“大圣”的脸谱设计为倒置的仙桃，“大圣”头戴黄色软帽，身穿鹅黄色上衣，红裤子，绿围巾，虎皮腰围，细胳膊长腿大手，将猴的灵活，神的通行、变身能力和人性的光辉相结合，使造型包含了中国传统艺术的独特美感。其他人物造型，也都借鉴了民间美术造型：哪吒取自年画里的胖娃娃形象；玉皇大帝借鉴了民间灶王、财神的形象并加以变化而来。《世界报》曾这样评价：“《大闹天宫》不但具有一般美国迪士尼作品的美感，而且造型艺术又是迪士尼艺术所做不到的，它完美地表达了中国的传统艺术风格。”动画片《骄傲的将军》中，将军造型具有浓重的京剧风格，脸部线条粗且顿挫分明，浓密的络腮胡须、上扬的眉毛、傲慢的眼神是在京剧“大花脸”的基础上进行夸张、简化，表现出将军的傲慢、固执、武断的性格特征。奸臣是京剧中典型的丑角造型，八字眉、薄嘴唇、尖下颏、面颊上两个红点、白鼻梁，表现狡猾奸诈的本质。动画《天书奇谭》选自罗贯中《平妖传》，匠心独运地吸取了戏剧生旦净末丑的扮相。粉红色狐精借鉴京剧中的花旦形象，脸上各有一个红晕；蓝色狐精借鉴京剧小生的形象，方脸上长着一双圆眼睛，白脸中间有一圈红晕。而动画片《九色鹿》，则是根据敦煌壁画《鹿王本生》故事画改编，角色造型取材于敦煌壁画，使本片具有佛教绘画的风格。

2. “意”的提取

民间美术造型是一种外在的表达方式，而决定作品表现力的是造型的内在含义，这就离不开“意”的提取。“意”的提取是指提取中国民间美术的吉祥观念和造型观念，再把这一观念运用到动画造型设计当中，创造出饱含吉祥观念且具有中国特色的优秀动画造型。这也是在“形”的基础上更深一步地表达造型内在的精神文化特质。

在民间美术的吉祥观念中，“生命”是民间美术的永恒主题。在民间美术的造型观念中，“福、禄、寿、喜”表达了民间百姓对美好生活的憧憬。民间百姓把“福、禄、寿、喜”的吉祥观念通过谐音、象征、借用等手法表达出来。如“谐音”有莲花、鲶鱼喻为年年有余，蝙蝠、寿桃、双古钱喻为福寿双全；“象征”有牡丹喻为富贵、石榴喻为多子、桃子喻为长寿；“借用”有羊羔跪而吃奶喻为孝，狗的不侍二主喻为忠，马之顺从主人谓之义。儒家提倡的“忠、孝、义”等抽象的概念，在民间吉祥观念的表达中有了具体的象征物。动画片《渔童》中的渔童形象就运用了民间艺术阴阳造型方法，吸取民间剪纸中表现繁衍寓意的抓髻娃娃的造型和莲生贵子的纹样。

《葫芦兄弟》这部动画片采用民间剪纸的形式，利用“象征寓意”的手法塑造出七个可爱的娃娃造型。每个娃娃头上都顶有一个小葫芦，葫芦与人体的结合无论从形体还是意义上都恰到好处。葫芦多籽，不仅有多子多福、人丁兴旺的美好寓意，而且葫芦兄弟有七个之多，正好也对应了“多子之意”。另外“葫芦”同“福禄”谐音，在中国传统寓意中有“祝福吉祥”的意思，也赋予了葫芦兄弟团结一致、最终打败邪恶势力的美好祝愿。

3.“色”的象征

色彩是动画造型设计中极具活力的视觉元素，也是极富有象征意义的表达。

“五行”是中华民族的先哲在长期的社会实践中对宇宙物质元素及其关系的分类与概括。“五行”是指“金、木、水、火、土”，它是形成中国原始阴阳五行哲学的基本思想。与之相对应的有“五色、五方、五时、五音、五味”，其中“五色”为“青、赤、黄、白、黑”，它构成了中国传统文化的基本色彩观念即“五行色”观念。它们是中国色彩观念及审美模式建立的理论基础。尽管时代在进步，人们的观念在改变，但人们内心深处的用色习惯、审美倾向和色彩情感一直以来都受“五行色”和“五行观”的影响，这在具有民族特色的民间艺术作品中，反映更为明显。如戏曲脸谱中将色彩作为角色性格、品质与身份的象征，形成了“绿是侠野，粉老年；红色忠勇，白色奸；黄色猛烈，草莽蓝；黑为刚直，灰勇敢；金银二色色泽亮，专画妖魔鬼神判”的用色传统。

在《大闹天宫》中角色的颜色设置就借鉴了民间艺术色彩。片中角色参考了民间版画和民间木刻的色彩风格。如孙悟空的服饰颜色主要使用红、黄、绿等鲜艳的装饰性色彩，来突出人物性格，脸部的红色象征了忠义、勇敢；再如玉皇大帝脸部的主色是象征奸猾的白色，而大面积的白色服饰，更加突出了他臃肿肥胖的特征；太白金星的红脸主要是为了强调老人深色的肤色，服饰的颜色以紫、蓝、黄、黑为主。所以，中国的动画创作者在色彩设定时，不仅需要掌握色彩的对比、统一、变化等基本规律，而且要注意汲取中国民间色彩精华并加以创造性地发挥与运用，才能更好地体现出中国动画的民族风格。

动画造型设计对民间美术的借鉴并不是对造型的照搬和简单的复制，而是对民间美术造型深入剖析，在掌握民间美术造型语言特点和构成方法的基础上，结合现代审美的观念，运用多元化的表现手法，挖掘造型背后的意蕴，提炼出具有典型性的元素，加以概括、综合并再创造，使其具有时代特色，获得最具表现力的造型艺术语言，使民间美术在动画造型创作中具有独特的魅力。

三、结语

中国动画要想取得发展，就必须在继承中华优秀传统文化的基础上坚持独立创作，实现动画作品民族化。因此，在今后的动画造型设计教学中，教师要充分结合现阶段的时代特征，引导学生在动画创作中融入中国民俗元素的形式美与意境美，创造出彰显中国独特民族艺术的本土动画造型，从而促进动画造型设计的发展。

参考文献

[1] 任占涛. 试探中国动画造型的民族化之路——以国产动画中的孙悟空形象为例 [J]. 当代电影，2015 (8)：171-173.

[2] 廖兰. 中国传统绘画元素在动画造型中的应用 [J]. 大舞台，2014 (2)：20-21.

[3] 邹满星. 聚焦民族元素视觉设计的形意思维系统 [J]. 贵州民族研究，2014 (9)：97-100.

[4] 沈宝龙. 动画基础造型教学的思考与实践 [J]. 浙江工艺美术，2007 (3)：94-97.

第七节　让传统文化“流行”起来——浅谈信息技术课堂的传统文化教育

南宁市第三职业技术学校　梁薇薇　刘建宏

【摘　要】 传统文化凝聚着从古至今人们的精神追求以及历史悠久的精神财富，它是国家发展先进文化的前提与基础，同时也是进行精神文明建设的主要支撑。传承与创新传统文化是每个公民需要履行的义务与应尽的责任。在科技快速发展的当下社会，教师应在信息技术课堂教学中融入传统文化的教学，使学生认识到传统文化具有的精神与智慧，带领学生借助信息技术来进行传递与创作，发掘传统文化具有的现代力量。本文针对怎样在信息技术教学中进行传统文化的教育，给出一些可行的措施。

【关键词】 信息技术；传统文化；传统文化教育

信息技术的教学具有的独特性，源自它是一门实践性质较强的学科。其教学方式有多种，在课堂上运用的教学素材也是各种各样，教学目的就是培育学生的信息素养，因此教师应该借助其具有的优势，将传统文化融入信息技术的教学中，使信息技术的教学更加具有意义。在信息技术课堂上实施传统文化教育，不仅能够培育学生相关的技术知识，同时还能够提升学生的道德品质。

一、 制定规范的制度， 促进良好习惯的养成

学校的机房是公用机房，因此学校创建了健全的机房使用规范制度。在每一个学期的开始，都要给学生仔细地梳理机房学习时的《机房纪律》，使用规范中有很多都包含着文明礼仪、谦虚礼让的内容。例如：“1. 学生应该排队进机房，不可以拥挤插队，之后按照老师规定的位置座好。2. 学生在进入机房之后应该重视自己个人环境的卫生情况，禁止在机房内是吃零食、喝水以及随地吐痰。3. 学生必须要按照老师制定的规范进行上机练习，不可以擅自操作别的内容。4. 禁止大声喧哗，相互讨论问题只可以跟邻座的学生。”不管是哪个学生进入机房，都应该严格遵守相关制度，这样在规范了学生自身行为习惯的同时，也潜移默化地发挥传统文化教育具有的引领作用。

二、 做好榜样示范， 倡导模仿学习

信息技术课与别的课程相比，学习压力相对较小，在达成课程教学目标之后，倘若还有多出来的时间，教师可以借助影视作品以及公益活动为学生呈现不一样的传统文化。在进一步认识我国优秀的传统文化之后，实现了爱国主义、集体主义以及社会主义的教育，指引学生形成与坚持正确的人生观、民族观、文化观以及国家观，努力做一个有骨气的中国人。依据学科特征，将主要的节日或者重要的事件作为契机，适时举办具有冲击力的互

联网专题宣传教育活动，借助榜样，弘扬优秀的文化传统，指引学生进行学习和模仿。比如在“5·12”汶川地震哀悼日这一天，利用网络平台举办网上哀悼活动。“生命中有太多不幸可我们不能一味叹息”，在哀悼灾难中死去的人们时，珍惜自己现在的幸福生活，以那些抗震救灾的英雄作为自己的榜样，将祖国未来的繁荣昌盛作为自己的使命。在这一活动中，有的学生留下这样一句话：“向抗震救灾的勇士们致敬！你们是国家的骄傲，是国家的象征。我将努力做一个文明的学生，为文明校园的建设献出自己的力量。在这些救灾英雄面前，立下这一誓言：热爱祖国、遵纪守法，要变成一个‘有理想、有文化、有道德’的中国人，做到实事求是，严于律己，形成良好的学习风气，为国家的发展献出自己的力量！”这样的活动激发了学生对于自己美好生活的珍惜之情，对于英雄的敬畏之情。

三、鼓励作品创作，进一步升华情感

如果要在基础课程中渗透有关传统文化的教育，那么信息技术课有着自身独有的优势。学生运用信息技术进行作品创作时，深入认识和欣赏祖国的传统文化，不只是学习到了信息技术课程的知识与技能，同时也将自身的情感进行升华，有效地进行传统文化的传承与发展。比如在进行“平面设计”这一知识的教学时，教师可以先为学生呈现一些有着文化特色的广告，例如可口可乐的包装设计，使学生在欣赏过程中进一步认识中国传统文化，体会传统文化具有的魅力。在信息技术这些操作性很强的课程中，引导学生获取传统文化中的精髓，激励学生创作具有文化元素的相关作品。比如，在学生运用电脑绘画《父爱》这一作品时，借助形象的漫画体现出父亲伟大的爱，启发学生对父母的感恩之情。作品中加入了“孝”的教育，并与故事相互结合，其中，那句“父亲非常爱我，他自己十分节俭，然而对于我却很‘大方’，每一次我吃剩的饭父亲都偷偷地吃完”体现了孩子对于父母给予爱的回应，同时在画面中也引入了一些文化因素，才令这一作品这样成功。

四、结束语

综上所述，传统文化是民族发展的根，在取其精华、弃其糟粕的基础之上，教师在信息技术的课堂上指引学生熟练地运用信息技术，使传统文化可以开花结果，更加繁荣发展。

参考文献

[1] 程玉江. 巧借信息技术课堂弘扬传统民族文化 [J]. 科技创新导报，2015，12(13)：122-123.

[2] 李秀亭. 信息技术课堂应渗透中华传统文化教育 [J]. 中国现代教育装备，2009(3)：143-144.

第八节　艺术设计类专业课教学应重视学生的情感体验

南宁市第三职业技术学校　梁薇薇　宋　欢

【摘　要】 艺术设计类专业课的情感体验是获取良好教学效果的前提，情感体验将直接关系到教学质量与教学效率。在艺术设计类专业课中，无论是基础课、外围课还是专业课都富含充足的情感元素，因而教师需要重点挖掘学生的情感，采用更为科学合理的方法，发挥出学生群体的主体作用。本文从艺术类设计专业课教学角度着手，简析如何将情感体验融合其中。

【关键词】 艺术设计类；专业课教学；情感体验

随着时代的迅猛发展，艺术设计内容产生巨大改变。在将现代技术作为核心的艺术设计的发展潮流中，人们的审美意识也正在产生相应的变化，越来越多的艺术形式受到人们的追捧。诸如动漫便是现代社会下的重要艺术表现形式，其中所囊括的情感元素往往会形成对艺术设计的有效引导。因而艺术设计类教师必须充分增加情感体验的教育占比，久而久之便能够促使学生将自身情感意识融入艺术设计中，打造更为优秀的作品。

一、 艺术设计专业课程形态

人类在了解自身情感的前提下，拥有对情感因素的归类以及深度思考，随着现代社会的不断发展变革，此类研究越发严谨科学。存在于艺术设计中的情感元素的着力点在于设计者对艺术形象的情感表现，而将其转化到艺术设计类专业课中，则是教师应该如何助力学生表现出自己的情感，将其展现在艺术角色中。随着现代社会生产力的不断发展，艺术设计情感体验不仅仅囊括有关作品所能够呈现出的情感元素，更包含在使用物品的多元化情境下人和物品互相沟通后所产生的综合型情感呈现。在艺术设计类专业课中，情感因素起到极为重要的作用：首先，设计物将会对人产生情感激发，诸如新奇感、情趣感等，用于激发受众所存在的内在情感需要；其次，艺术类设计使处于某些特定环境下的用户有感而发，结合情感互动来和作品产生衔接，在此种情况下，并无生命的作品便能够展现出人的感受，从而促使人和作品产生交流互动，形成情感共鸣。

在艺术设计中，设计者需要将包含情感元素的内容映射出来，这便是艺术设计类专业课程中需要重点关注的情感体验。首先，设计者需要了解设计对象，能够寻求设计对象所潜藏的情感因素。其次，能够从多角度着手分析设计对象。在艺术设计中的表现形式往往是丰富多彩的，而对于动漫来讲，则更多地将图像作为依托。图像所能够展现的信息更为清晰，并且易于人们理解，当然其所能承载的信息是有限的，所以这就要求设计者具备良好的造型能力，能够促使人和动漫形象产生深刻的情感纽带。

二、培养学生心理素质，营造开放情境

在艺术设计类专业课中，教师需要重点培养学生的心理情感素质。首先，强化学生的自我调控能力。学生在面对学习困难、优秀成绩、艺术创作问题的时候均会表现出完全不同的情绪，教师需要重点关注学生的情绪表现，及时地疏导学生，帮助学生形成良好的情感调控能力，使学生能够免于压力束缚。其次，教师需要重点强化学生的团队合作精神。认识是具备充足的社会属性的，而设计动漫形象更需要这种社会属性，教师需要结合学生的特征，引导他和其他同学进行积极的交流沟通。再次，教师需要强化学生吃苦耐劳的精神。针对学生所存在的问题来进行有效引导，强化学生坚忍不拔的精神，促使学生在解决问题的过程中获得成长。

此外教师还需要营造出开放活跃的教学情境，积极地引导学生的思维，鼓励其进行自主思考探究，使学生能够积极地进行情感交流。在课堂导入过程中，教师需要结合教学内容来布设疑问，激发学生的求知欲望，在实际创作过程中，教师需要借助幽默、愉悦的语言激发学生的情感意识，使学生积极地参与到活动中。

三、引导学生走入生活，激发学生兴趣

生活是艺术创作的源泉，艺术设计类专业课教学需要重点结合学生的日常生活，促使学生融入生活中，在生活中寻求创作灵感，激发学生的探索欲望。兴趣向来都是培养学生的创新思维以及能力基础的核心，有关研究表明，创新性因子几乎全部衍生于兴趣中。学生如果对某件事物产生兴趣，那么便会产生积极的情感体验；如果对事物的兴趣不足，那么便会产生消极的情感体验，进而难以产生积极情感体验。生活环境将会直接决定创作题材内容，有趣的事物往往能够激发学生的情感意识，促使其更为积极自主地探索知识。无论是自然风光、生活模式抑或是区域文化等均可以成为学生创作的源泉，为学生提供更为丰富的感受体验。如在色彩构成的教学活动中，教师可以引导学生自主地渗透到自然中，寻求各种自然组合的色彩，并将其呈现在自己的作品中，这样不仅能够达成教学目标，同时还能够强化学生的创造意识。

四、结束语

总之，艺术设计类专业课程旨在强化学生的创造性思维，助力学生形成更为开放活跃的情感意识。教师需要充分借助此项目标，引领学生渗透到生活中，感悟生活，促进其思想情感的健康发展，久而久之便能够强化学生的认知能力，助力其设计出更为丰富多彩的艺术形象。

参考文献

［1］莫璧宇，李文璟. 信息化技术在高职院校艺术设计类课程教学中的应用研究［J］. 建材与装饰，2019（31）：128-129.

［2］李潇. 艺术设计类课程翻转课堂教学模式探索——以动态图形设计为例［J］. 美术教育研究，2019（19）：124-125.

［3］贾梦迪. 关于艺术设计类课程教学方法的几点思考［J］. 大众文艺，2019（12）：206-207.